A. W. Ifflands

theatralische Werke

in einer Auswahl.

Dritter Band.

Leipzig.
G. J. Göschen'sche Verlagshandlung.
1859.

Buchdruckerei der J. G. Cotta'schen Buchhandlung in Stuttgart und Augsburg.

Inhalt.

Der Mann von Wort.

Ein Schauspiel in fünf Aufzügen.

Personen.

Archivar Lestang
Seine Frau.
Herr Lestang, des Archivars Onkel.
Kaufmann Seeland, Stiefvater der Madam Lestang
Friedrich Maring, des Archivars Vetter
Hofjunker von Trüben
Rath Wallnau
Julie, des Archivars Pflegetochter, in dessen Hause erzogen.
Einnehmer Grellmann
Jakob, des Archivars Bedienter
Henriette, Mädchen der Madam Lestang.

Erster Aufzug.

Ein bürgerliches Zimmer, gut möblirt.

Erster Auftritt.

Henriette tritt heftig ein **Jakob** folgt ihr bedächtig.

Henriette. Fort, fort! Ich will aus dem Hause, dabei bleibt es.

Jakob. Nun, nun!

Henriette. Das ist nicht mehr auszuhalten. Mit jedem Tage — nein, mit jeder Stund wird Sein Herr unleidlicher.

Jakob. Ich habe Ihr ja gesagt, daß Sie nur —

Henriette. Daß ich Geduld haben möchte! O ja. Geduld, Geduld und Geduld! das ist Sein Lied vom Morgen bis in die Nacht.

Jakob. Ach! — Mein guter Herr muß auch viel Geduld haben.

Henriette. Nein! die Madam braucht Geduld; eine schändliche Geduld. Nichts mehr — wenn ich im Hause bleibe, so lasse ich ihr keine Ruhe, bis sie sich scheiden läßt.

Jakob. So! das ist ja überaus brav.

Henriette. Ich war immer dagegen, als sie ihn heirathen wollte. Ich habe das hiesige Klosterleben wohl vorausgesehen. Sein Herr bessert sich nun und nimmermehr.

Jakob. Ich meine, er könnte nicht besser werden, als er ist.

Henriette. Glaube Er das, lebe Er damit, sterbe Er darauf! —

Jakob. Das will ich mit Gott, das will ich. — Womit versündigt sich mein Herr an Euch?

Henriette. Mit Worten schwerlich.

Jakob. Ja nun — das Wenigsprechen ist freilich ein Fehler —

Henriette. Wahrhaftig doch!

Jakob. Vielleicht hat er ehedem zu viel gesprochen.

Henriette. Er hat noch seine Augenblicke, wo er zu viel spricht.

Jakob. Was soll das heißen?

Henriette. O, wir wissen alles. Die Jungfer Vergißmeinnicht, das allerliebste Ziehtöchterchen, das kann gebieten, entscheiden; bei der wird auf den Wink gepaßt. Bei der kann er reden; stundenlang sie anhören, mit ihr ausgehen, Partien arrangiren, wo sie sich ganz wie von ungefähr treffen —

Jakob (erstaunt). Henriette!

Henriette. Meiner Madam — o, der reicht der Sultan nur die Hand. Bei der klagt er über die Welt, wenn denn doch Ehren halber ein Wort gewechselt seyn muß. Sein übler Muth und herber Sinn gehört der Frau; die schönen Redensarten gehören der Herzensbändigerin Julie, der Favoritin! Wir wissen alles — alles! Aber nun hat unsre Geduld ein Ende.

Jakob. Ihre gesunde Vernunft mag lange ein Ende gehabt haben — so lange, wie der Madam ihre Liebe.

Henriette. Wer ist denn die Jungfer Julie? Warum hat

er sie erzogen? Wie kommt der Herr Archivar von vierzig Jahren zu der Ziehtochter von siebzehn Jahren?

Jakob. Ich weiß das alles wahrhaftig nicht. Aber —

Henriette. Und warum weiß es meine Madam nicht?

Jakob (zornig) Warum hat die Frau meines ehrlichen Herrn nicht den Glauben an ihren Mann, den doch jedermann hat?

Henriette. Weil sie ihn besser kennt, als jedermann.

Jakob (noch mehr ereifert). Und warum hat mein armer, guter Herr den unbedingten Glauben an seine Frau, den — manche Menschen nicht haben?

Henriette. Jakob, Er ist impertinent.

Jakob. Warum hat er so gar und ganz kein Arges daran, daß — (Er hält sich den Mund zu.) — Es mag für dasmal genug seyn. Wenn es so fort geht, wie es seit ein paar Wochen angefangen hat, so wird mein Herr ja wohl auch gewahr werden, was mir jetzt die Brust zusammen zieht.

Henriette. Meine Madam soll das alles wieder erfahren —

Jakob. So? Nun mein Herr soll von Ihr nichts wieder erfahren.

Henriette. Die arme Frau! Sie ist gut und treu wie Gold.

Jakob. So habe ich vor kurzem auch noch gesagt. Gebe Gott, daß ich — Lasse Sie mich in Ruhe!

Henriette. Sein Herr ist ein Heuchler — ein Prahler, ein Hinterlistiger —

Jakob. Hinaus jetzt — oder ich zeige Ihr die Thür, daß Sie Ihr Lebtage an den Abmarsch gedenken soll.

Zweiter Auftritt.

Hr. Seeland tritt bei dem Anfange von Jakobs Rede ein. **Vorige.**

Seeland. Alter!

Henriette. Eben recht, Herr Seeland! Zur Thür hinauswerfen? das ist so ein Pröbchen davon, wie man mit uns umgeht. Wie der Diener, so der Herr! Bei mir fängt man an; bei Ihrer armen unglücklichen Tochter wird man aufhören.

Seeland. Pst! Stelle Sie Sich nicht so ungeberdig! — Alter! das war grob.

Jakob. Um Vergebung — ja. Aber sie war nicht fein.

Henriette. Zur Madam kommen Sie! — Sie sind über vierzehn Tage nicht hier gewesen. Seitdem hat sich viel verändert.

Seeland. So?

Jakob. Leider!

Henriette. Wir wissen jetzt, woran wir sind; woher die schöne Seelentraurigkeit kommt! — Nun — Sie werden schöne Dinge hören.

Seeland. Jungfer Henriette — gehe Sie ab zu Ihren Garnirungen — und lege Sie alle Fältchen hübsch sauber und egal — wenn ich sollte mit Ihr sprechen wollen, so werde ich herunter zu Ihr kommen.

Henriette (heftig). Nun das sey —

Seeland. Sie geht von hier — eine Treppe hinunter — — die dritte Thür linker Hand — da ist Ihre Stube. — Adieu!

Henriette. O, die Reihe kommt doch noch an mich! Man wird Zeugen brauchen — aber dann soll es los gehen.

(Sie geht ab)

Dritter Auftritt.

Seeland. Jakob.

Jakob (in Eifer). Ist mein Herr ein Heuchler?

Seeland. Nein.

Jakob. Ein Prahler?

Seeland. Nein, nein! — Aber es ist wahr, er fängt an, eben nicht angenehm zu werden.

Jakob. Man macht es ihm darnach.

Seeland. Er ist nicht freundlich, und aus dem verschlossenen, in sich gekehrten Wesen kann nichts Gutes kommen.

Jakob. Er ist wohl oft herzlich gut. Aber — dann findet sich auch niemand, der ihm die Hand reichen wollte. So wird er denn wieder still, verfällt in Nachdenken, geht auf seine Stube — und — und — so mag es gekommen seyn, daß ihm das Stillschweigen allmählich zur Gewohnheit geworden ist.

Seeland. Possen! Possen!

Jakob. Wollte Gott! Aber es sieht nicht so aus.

Seeland. Man muß mit der Sprache gegen Seinen Herrn herausgehen.

Jakob. Thun Sie das, lieber Herr! Gott segne Ihr Unternehmen!

Seeland. Aber zu dem Unternehmen, ihn freundlicher zu machen, sollte jeder im Hause beitragen.

Jakob. Wer wird das nicht gern thun!

Seeland. Du dienst lange im Hause, — Dein Herr hält auf Dich —

Jakob. Unser einer hat nicht den Verstand zu solchen Dingen.

Seeland. Jedermann kann Hügel ebnen, die im Wege liegen. Und das ist ein verdienstlich Werk. Thu das Deine, Alter! Willst Du?

Jakob (ergreift seine Hand). Ach Herr!

Seeland. Der Händedruck ging von Herzen. (Er schüttelt seine Hand.) Wieder so viel!

Jakob (geht). Gott weiß es — es ist hohe Zeit.

Vierter Auftritt.

Madam Lestang. Herr Seeland.

Mad. Lestang (sieht ihm nach, und wendet sich dann zu Herrn Seeland) Hohe Zeit? Vermuthlich Klagen? Guten Morgen, lieber Vater!

Seeland (reicht ihr die Hand). Er klagt nicht über Dich; aber ich sollte es thun.

Mad. Lestang. Auch Sie? doch ich weiß es wohl, daß mein Mann überall Recht haben wird.

Seeland. Dieß gute Vorurtheil verdient er, und Du solltest es gern und am ersten für ihn haben.

Mad. Lestang. Wie? Habe ich nicht seit —

Seeland. Keine Auseinandersetzung — keine Aufrechnung! Wo sich in einer Ehe die Zusammenrechnungen einstellen, da ist es um allen Frieden bald gethan. Die Liebe ist verträglich —

Mad. Lestang. Zanke ich?

Seeland. Eine gute Frau ist auch geduldig.

Mad. Lestang. So lange sie es mit Ehren seyn kann.

Seeland. Eine glückliche, einige Ehe ist die größte Ehre, nach der eine Frau streben kann.

Mad. Leftang. O ja — so lange noch von ihren Rechten und Ansprüchen die Rede ist. Aber wenn schon —

Seeland. Rechte — Ansprüche? Man hört es an der Sprache, daß die Herzen kalt geworden sind.

Mad. Leftang. Aber eine Frau ist doch kein Hausthier, das der Herr nach Einfall und Laune an die Kette legen, und loslassen kann.

Seeland. Du bist sehr bitter.

Mad. Leftang. Ich habe es nicht gelernt, gerechte Empfindungen zu verlarven.

Seeland. Ich hoffe, daß Dein guter Ruf Dir wenigstens nicht gleichgültig geworden seyn soll.

Mad. Leftang. Wer tritt ihm zu nahe?

Seeland. Du mußt es erfahren, daß diese Haushaltung sehr ins Gerede gekommen ist.

Mad. Leftang. Meine Schuld ist das nicht.

Seeland. Du bist schon sehr resignirt, wo ich glaubte, daß Du erschrecken würdest.

Mad. Leftang. Man wird am Ende dahin gebracht.

Seeland. Wie gesagt — ich will nicht aufrechnen. Aber ich bitte Dich herzlich, thue das Deine, daß es anders werde.

Mad. Leftang. Gott weiß, ich habe alles gethan.

Seeland. Sieh, meine Tochter — ich bin freilich nur Dein Stiefvater; — aber Du weißt es ja, wie Dein Wohl mir stets am Herzen gelegen hat —

Mad. Leftang (küßt seine Hand).

Seeland. Du hast mir Erkenntlichkeit dafür bewiesen, und hast mir das Recht zugestanden, mit Liebe und Ernst zu Dir zu reden.

Mad. Leftang. Daß ich nie Ihr Haus verlassen — daß

ich nie eine andere Sorge kennen gelernt hätte, als für Sie zu leben!

Seeland. Diesen Ausruf des Unmuths will ich nicht gehört haben. Friederike! Du hast ein gutes Herz, es ist unmöglich, daß es sich verläugnen könnte.

Mad. Lestang. Wird dieß Herz geachtet, wird es erkannt? Sie wissen nicht, wie gleichgültig ich ihm bin.

Seeland. Nur wenn Du Dich ganz frei weißt, frei in der That, und auch im Anschein — nur dann erst kann davon die Rede seyn, gegen die Ursachen Deiner Empfindlichkeiten zu arbeiten.

Mad. Lestang. Sie glauben —

Seeland. Nun ich — möchte wahrlich am wenigsten etwas Widriges von Dir glauben. Aber — die Theegesellschaften, und was dahin gehört — sprengen es aus, der Rath Wallnau sey mehr Dein Freund, als der Freund Deines Mannes.

Mad. Lestang. Boshaft, abscheulich!

Seeland. Darum meide jeden Anschein!

Mad. Lestang. Beklagt sich mein Mann über mich?

Seeland. Er klagt niemals. Aber jedermann sieht, daß er leidet.

Mad. Lestang. Und also muß ich die Ursache seiner Leiden seyn? Wie es mir ergeht, darnach fragt niemand. Was kann man mir vorwerfen? Wallnau ist der Freund meines Mannes —

Seeland. Desto empfindlicher muß Dein Mann bei dem Gerüchte leiden, wenn er es erfährt.

Mad. Lestang. Er ist der Einzige, der meinem Manne manchmal ein Wort zur rechten Zeit sagen kann.

Seeland. Es ist mir leid, daß Du nicht eifersüchtig auf dieses Recht bist.

Mad. Lestang. Glauben Sie doch, daß von mir bei meinem Manne gar keine Rede mehr ist.

Seeland. Das glaube ich durchaus nicht.

Mad. Lestang. Uebrigens ist ja mein Mann Herr im Hause; Herr, unumschränkter Gebieter.

Seeland (bedeutend) Er scheint keinen Gebrauch von diesem Rechte zu machen.

Mad. Lestang. Er thut es auf seine eigene Weise. Er befiehlt ohne Worte mit Geberden. Wir sind gewöhnt, seine Winke zu errathen, und blind zu gehorchen. Blind — nur künftig ohne Zittern. Das habe ich mir fest vorgenommen. — Der Gehorsam soll bleiben; aber die Furcht hat ein Ende. Die hat ein Ende.

Seeland (sehr ernst). Weiter! —

Mad. Lestang. Also kann er ja seinem einzigen Freunde, dem Gefährten seiner Jugend, seiner Studien, dem Lastträger seines Unmuths, seines Eigenwillens, seines Stillschweigens — Er kann ja Wallnau das Haus verbieten!

Seeland (erstaunt). Friederike!

Mad. Lestang. Ob ein guter, anspruchloser Mensch in den Augenblicken, wo ich unter meiner Bürde erliegen soll — mir ein Wort des Trostes sagt. mir Muth einflößt — ob sein bester Freund ferner bei allen seinen Ungerechtigkeiten ihn vertritt, oder nicht — was liegt daran? Genug, man bringt vielleicht eine Theegesellschaft zum Schweigen — mag ich darüber vor Muthlosigkeit vergehen — wem liegt daran?

Seeland. So? Und die Besuche des Hofjunkers? warum kommt er?

Mad. Lestang. Warum kommen Besuche?

Seeland. Er ist ein gefährlicher Verführer. Seine Bewerbungen gelten Dir oder Julien.

Mad. Lestang. Mir ist er gleichgültig; seine Neuigkeiten amüsiren mich; Julien — wird mein Mann gewiß bewachen.

Seeland Der Hofjunker hat im Archiv zu arbeiten gewünscht; Dein Mann hat wegen seiner wenigen Kenntnisse und Schwatzhaftigkeit dagegen thun müssen. Der Mensch hat Familienanhang, und haßt Deinen Mann. Ich fürchte, er könnte wohl den argen Plan haben, aus Rache Lestangs Frieden zu stören.

Mad. Lestang. Das glaube ich nicht.

Seeland Ich weiß, daß er der entschiedene Feind Deines Mannes ist.

Mad. Lestang. Mag ihn doch mein Mann wegschicken! — Immerhin! ihn, Wallnau, jedermann. So sehe ich nur meine Wände, werde einsylbig, wie mein Mann, — und dann wird dieß Haus sehr an Annehmlichkeit gewonnen haben.

Seeland. Ist dieß die Antwort auf meine redliche Besorgniß?

Mad. Lestang. Verdiene ich Ihr Mißtrauen? Auf meine Ehre ist zu rechnen. Trotz sey dem geboten, der sie verkennt; aber das Meine ist gethan, und wenn ich meines Mannes Betragen nicht ändern kann — sey es! — so will ich mich doch nicht selbst länger herabwürdigen. Ich habe Ansprüche auf edle Lebensfreude, und ich will sie geltend machen.

Seeland. Ich erschrecke über Deine Entschlossenheit.

Mad. Lestang. Sie ist mir abgezwungen.

Seeland. Hier wäre also nichts mehr zu thun? — Traurig, traurig!

Mad. Lestang. Mein Mann ist es, der zu thun hat, daß es anders werde, nicht ich.

Seeland. Meine Tochter! sey aufrichtig! Du nimmst kein Interesse mehr daran, daß es anders werde.

Mad. Lestang Wenn es so wäre, so hätte er es verdient.

Seeland. Dein Mann steht schlimmer mit Dir, als er selbst wissen mag. (Seufzt.) Armer Lestang! da der Reiz der Jugendblüthe von Deinen Wangen schon zehn Jahre lang verwischt war, wie konnte Dein Unstern Dich treiben, zum zweiten Male Ringe zu wechseln!

Mad. Lestang. Diese bittere Bemerkung verdiene ich nicht. (Sie hält die Hand vor die Augen, eine Thräne zu verbergen.)

Seeland (nimmt langsam ihre Hand herab). Lege diese Hand auf Dein Herz — Du bist zwanzig Jahre alt; Dein Mann ist vierzig. Der Ernst, den Schicksal und Erfahrung auf ihn legen, war Dir in den Brautwochen interessant, weil Du ein Ideal darin erreicht sahest, das Bücher Dir gegeben hatten. Seit Du selbst in Deines Mannes Leben verwebt bist, hat jenes Ideal sich verloren. Du vermissest nun das Geschwätz der feurigen Liebe. Er ist dabei geblieben, wie er war, und verliert nur, weil Deine Meinung sich geändert hat. Friederike, wenn Vernunft und Freundschaft Dich nicht gerecht machen, so ist Dein Mann zu Grunde gerichtet, und Du bist verloren. (Er geht lebhaft einige Schritte.)

Mad. Lestang. Die Sprache der feurigen Liebe kann mein Mann allerdings reden, nur nicht zu mir.

Seeland. Zu wem sonst?

Mad. Lestang. Zu Julien!

Seeland (auffahrend). Was ist das? Wer sagt das?

Mad. Lestang Der Frau werden Sie zutrauen, daß sie scharf beobachtet habe.

Seeland. Vielleicht zu scharf.

Mad. Lestang. Das Gezischel im Haus sagt es verständlich, daß meine Gewalt zum Gespötte geworden ist.

Seeland (nach einigem Nachdenken). Höre mich mit gutem Willen an!

Mad. Lestang. Sehr gern!

Seeland. Es mag freilich mit dieser Julie eine besondere Geschichte seyn —

Mad. Lestang. Allerdings.

Seeland. Muß man denn mit einem argen Blick in das Geheimniß eines ehrlichen Mannes dringen? Muß man mit Gewalt einen Schleier zerreißen, den vielleicht eben seine Zartheit um eine Sache hüllt?

Mad. Lestang. Wenn von Lebensruhe die Rede ist —

Seeland. Würdest Du es nicht mit Nachsicht behandeln wollen, wenn nun etwa diese seine Pflegetochter seine wirkliche Tochter wäre?

Mad. Lestang. Das ist sie nicht. Das ist sie gewiß nicht. Darauf hat er mir sein Wort gegeben, und Sie wissen, daß er damit Prunk treibt.

Seeland. Du bauest also auf das Wort Deines Mannes?

Mad. Lestang. O, auf seinen Eigensinn kann man immer bauen. Wie manchen Kummer, wie manchen Verlust hat er nicht erlitten, weil er unbedingt und thöricht alles dem aufopfert, was er dienlich findet — sein Wort zu nennen! Wie manche Thorheit gegen sein Gefühl und Ueberzeugung hat er begangen, wenn einmal für eine Sache sein Wort gegeben war. Muß ich nicht deßhalb das unleibliche Erbstück, seinen alten Onkel, der ihn selbst überall hindert, und im Wege ist, um mich dulden, bloß weil er seiner Mutter das Wort gegeben hat, diesen einfältigen Mann bis an seinen Tod im Hause zu behalten?

Seeland. Ein einfältiger Mann — aber ein guter Mann. Weßhalb wolltest Du ihm einige Geduld versagen?

Mad. Lestang. Ach! wie manchen traurigen Augenblick, wie viel Langeweile und Jammer habe ich nicht mit erleben müssen, wegen dieser Raserei, sein Wort zu halten, es koste auch, was es immer wolle.

Seeland. Weißt Du es auch, meine Tochter! daß Du da gegen Deinen Willen das Bild eines sehr achtungswerthen Mannes entworfen hast?

Mad. Lestang (seufzt).

Seeland. Ja, er ist achtungswerth; so kenne ich ihn, und deßhalb liebe ich ihn, wie meinen Sohn. Ein Mann von Wort — im strengsten Sinne — ist dem Kaufmann ein unschätzbares Gut. Als Mensch, als Freund und Vater ist er mir ein Heiligthum. — Friederike! — frage Deinen Mann als Hausfrau mit Offenheit und Liebe, ob er Julien eine Zärtlichkeit widme, die nur Dir gehört. Fordere sein Wort hierüber! Gibt er Dir sein Wort — dann sey ruhig! Räume dann auf im Kopf und Herzen, reiche ihm freundlich die Hand, so geht Ihr einig durch das Leben.

Mad. Lestang. Ich kann die Frage nicht thun.

Seeland. Tochter!

Mad. Lestang. Ich bin zu sehr überzeugt, und — in diesem einzigen Falle — kann ich selbst sein Wort nicht annehmen.

Seeland. Wie?

Mad. Lestang. Es ist von einer heimlichen, über alles werthen Leidenschaft die Rede. Er muß sie verdammen, und kann sich nicht davon losmachen. Nein! In diesem Falle gilt sein Wort mir nicht.

Seeland (geht unwillig auf und ab, tritt mit Festigkeit zu ihr).

Ist diese Sache mit Julien die einzige Klage, welche Du über Deinen Mann hast?

Mad. Lestang. Die wichtigste. Alle andern entstehen daher — oder ich würde da lernen, sie zu unterdrücken, was es mich auch kosten möchte.

Seeland. Ich werde Deinem Manne die Frage vorlegen. Ich werde sein Wort fordern.

Mad. Lestang. Ich kann deßhalb nicht ruhiger seyn.

Seeland. Dann werde ich es seyn, Dich anklagen, und, wenn Dein Mann nicht glücklich mehr werden kann, ihm Freund und Vater seyn, und ihm helfen, die Last zu tragen, womit meine Tochter sein redliches Herz quält, und die Tage eines Mannes verbittert, der ganz für Andre lebt, indem er in seinem Hause an Freuden verarmt.

(Er geht, in der Thür begegnet ihm Friedrich Maring.

Fünfter Auftritt.

Friedrich Maring. Madam Lestang.

Maring. Guten Morgen, Papa! (Zu ihr.) Papa machen ein sträflich Angesicht? Ich habe schon eine Weile draußen gestanden; er war stark im Amtseifer.

Mad. Lestang. Er meint es wohl herzlich gut!

Maring. Aber er hat lange gesprochen. Damit verderben immer die alten Herren ihre gute Sache. Uebrigens komme ich eben aus der Karthause.

Mad. Lestang. Von meinem Manne?

Maring. Oui Madame! Heute ist strenges Stillschweigen.

Mad. Lestang. Wie gewöhnlich.

Maring. Aber sonst gute Witterung. Sonnenschein in der Natur, das heißt: Leute, die Geld haben, sollen dann aus ihren Wänden ziehen und spazieren fahren, damit Leib und Seele in der frischen Luft frischer werden. Wollen wir das?

Mad. Lestang. Ach!

Maring. Ach? — Heißt das einen Wagen bestellen, oder es bleiben lassen?

Mad. Lestang. Das wird doch auch wieder nur ein Leichenzug werden. Meinetwegen! Fragen Sie meinen Mann!

Maring. Wer soll von der Partie seyn?

Mad. Lestang. Vermuthlich die schöne Julie —

Maring. Eben so vermuthlich der Kommandirende!

Mad. Lestang. Wen meinen Sie damit?

Maring. Den Ami de la maison, Herrn Rath Wallnau.

Mad. Lestang. O, der kann auch weg bleiben.

Maring. Ihr Ton sagt das Gegentheil. Gut! so sind Ihrer viere für den Wagen; ich reite neben her, und schreie zu Zeiten in den Wagen, daß die Eingeschlafenen aufwachen. Ich will einen so argen Lärmen treiben, daß der Leichenzug wohl aufgeräumt werden soll.

Mad. Lestang. Wer auch so zu allem, und über alles lachen könnte, wie Sie.

Maring. Auf meine Ehre! unangenehme Dinge und Menschen lacht man eher weg, als man sie wegstreitet und wegpredigt. Probatum est.

Mad. Lestang. Wenn das Mittel so unfehlbar ist, so lachen Sie uns doch meines Mannes alten widerwilligen Onkel aus dem Hause!

Maring. Behüte mich mein guter Genius dafür! Festhalten will ich den Ehrenmann; denn ich lache gern über ihn. Der Onkel ist wider sein Wissen und Willen meine Hausapotheke. Ueberfällt mich ja ein ernsthafter Augenblick; flugs bringe ich dem Oheim für seine stattlichen Sammlungen eine Spinne oder ein adeliches Wappen, — setze mich ihm gegenüber, und genieße die Wohlthat des unterdrückten Lachens. Dann erzähle ich sein Gaudium über Spinnen und Wappen, seine Manieren und Redensarten allen Menschenkindern, die Lust und Liebe haben, zu leben und zu lachen. Wir lachen das brillanteste Tutti von der Welt, und so ist der ehrenveste Oheim mein Wohlthäter, Leibarzt, Lektor und kurzweiliger Tischrath, alles in einer Person.

Mad. Lestang. Mir ist er mit seinen langweiligen Gesprächen, Fragen, Wiedersagen, Neuigkeiten bringen —

Maring. Das thut der arme, alte Narr, um sich angenehm zu machen. Er macht alles schlecht; aber er meint alles gut.

Madam Lestang. Mir ist er die widerwärtigste Person von der Welt. Was mein Mann nur denken mochte, diese Gestalt mir aufzubürden.

Maring. Wollen Sie ihn los seyn?

Mad. Lestang. Durchaus!

Maring. Wenn ich ja heirathen sollte — wofür mich Gott in Gnaden bewahren wird — denn ich bin der Glückseligkeit gar nicht würdig — so würde ich mir gerade so einen Onkel ins Haus miethen.

Mad. Lestang. Wozu?

Maring. Zum Guardian der Dame. Dann wäre ich ruhig und ginge meinen Weg mit Behaglichkeit. So ein lediger müßiger Onkel steht überall, hört überall, sieht überall, sagt alles wieder, und ist der bequemste Sündenbock für beide Theile.

Mad. Lestang. Wir bedürfen seiner nicht.

Maring. Kann ich meine Dienste anbieten?

Madam Lestang. Ach Maring! Sie haben meine letzte Hoffnung vernichtet.

Maring. Wie so?

Mad. Lestang. Wie habe ich mich Ihrer Ankunft gefreut! Ihre gute, frohe Laune, hoffte ich, würde auf meinen Mann wirken. Vergebens. Doch hat er Sie lieb, sehr lieb —

Maring. Ich ihn auch.

Mad. Lestang. Sie? Und doch machen Sie Sich manchmal nicht wenig lustig —

Maring. Ueber sein Wesen? Ja, das kann ich nicht lassen. Er ist ein liebliches Buch in einem alten Pergamentbande. In Reihe und Gliedern mit andern freundlichen Bücherdecken sieht er unscheinbar aus, und ein bischen pedantisch. Aber der Mann hat auf der Welt nichts dagegen, daß man ihn herausrücke, bei Seite nehme und lese. Bei meiner Seele, wenn man den Vetter mit Bedacht umblättert, und liest, und nimmt zu Kopf und Herzen, was man doch auf jeder Seite findet — so liefert er die interessanteste Lektüre, die ich kenne.

Mad. Lestang. Auch die anziehendste Lektüre ist doch ein todtes Wesen gegen —

Maring. Kommt auf den Leser an.

Mad. Lestang. Der Zug ward gegen mich geführt?

Maring. Ja wohl, und geradezu.

Mad. Lestang. O — Sie sind ganz auf meines Mannes Seite.

Maring. Auf Ehre, das bin ich. Aber, wenn Sie allein sind, und ich vor Ihnen stehe, so bin ich auf Ihrer Seite

Mad. Lestang. Weil —

Maring. Weil Sie viel zu hübsch sind, als daß man Ihnen Unrecht geben könnte. Ich wette, was Sie wollen, es geht Ihrem Manne eben so, sonst würde er Ihnen manchmal ein stattliches Kapitel lesen.

Mad. Lestang (gespannt). Worüber?

Maring. Wo gerathen wir hin? Umgelenkt! sonst verlieren Sie Ihr liebes, freundliches Gesicht.

Mad. Lestang. Nun aber im Ernst genommen —

Maring. Im Ernst habe ich noch nichts genommen, als einen Wechsel.

Mad. Lestang (bricht ab). In der That, es ist Schade, daß Sie bei mancher guten Eigenschaft so wenig zuverlässig sind.

Maring. Ich nicht zuverlässig? — Ei! lassen Sie Jemand ins Wasser fallen, ich werde ihn so gut herausziehen, und vielleicht noch rascher, als der determinirteste Philosoph. — Ich werde retten, wo es brennt, wie der christlichste Christ, und werde mich vielleicht noch weiter in die Flammen wagen, als ein Gottseliger, weil der erst seine Seele bestellen muß, ehe er zugreift. Bei mir ist das nicht nöthig. Eine fröhliche Seele ist immerdar bestellt.

Mad. Lestang. Gehen Sie, gehen Sie —

Maring. Aber das nehmen Sie mir nicht übel, nach der Rettung darf ich doch lachen über Antlitze, welche die Gebadeten schneiden, und über die Seelenangst, womit ein altes Mütterchen in der Feuersnoth einen Haspel oder eine Fußbank an ihre alte Brust drückt, sie zu retten. (Er sieht nach der Uhr) Alle Teufel! es ist spät. Adieu, schöne Cousine!

Mad. Lestang. Was haben Sie denn nun eigentlich hier bei mir gewollt?

Maring. In Ihre hübschen Augen sehen — Spazierfahrt

arrangiren – die Hand küssen. Alles das sind für mich überaus wichtige Dinge.

Mad. Lestang. Wohin wollen Sie nun?

Maring. Ein Geschäft besorgen.

Mad. Lestang. Sie und ein Geschäft —

Maring. Für Ihren Mann.

Mad. Lestang. Was ist das für ein Geschäft?

Maring. Etwas, das er sich nicht zutraut, sondern mir; das Sie nicht wissen sollen, das Sie gern erfahren möchten, und das ich nicht ausplaudern darf.

Mad. Lestang. So gehen Sie, damit Sie es nicht ungefragt noch erzählen.

Maring. Wahrlich, ich danke Gott, daß Sie nicht den himmlischen Preis eines Kusses auf das Geheimniß setzen.

Mad. Lestang. Schwerlich.

Maring. Sie machten mich auch unglücklich; denn ich dürfte ihn nicht annehmen. Ich habe mein Wort gegeben, zu schweigen, und nun will ich wohl zeigen, daß ich auch mein Wort halten kann. (Er geht.)

Mad. Lestang. Was muß das seyn?

Maring (kömmt wieder herein). Aber so viel kann ich Ihnen auf meine Ehre betheuern, — es kostet mich rasende Mühe zu schweigen. Da ich nun platterdings keine Mühseligkeiten allein übernehmen kann und will — so sollen Sie Ihr Theil mittragen. — Deßhalb erkläre ich Ihnen, das Geschäft, was ich vorhabe, betrifft — Sie. (Er geht schnell weg.) Nun aber von dannen, sonst bin ich verloren. (In der Thür begegnet ihm der Hofjunker von Trüben. Er führt ihn vor.)

Sechster Auftritt.

Vorige. Hofjunker von Trüben.

Maring. Ach — Ihr Gnaden von Trüben, Herzoglicher Hofjunker, legen Ihre Verehrung meiner schönen Cousine zu Füßen.

v. Trüben (küßt ihre Hand). In der That ein sinnreicher Dollmetscher.

Maring. Nun — weiter!

v. Trüben. Sie haben ja gehen wollen, lieber Schatz! Halten Sie Sich nicht auf! Sie würden uns von Ihrem Witz zu gütigen Vorschuß geben, und Gefahr laufen, für den übrigen Tag bankerott zu seyn.

Maring. Ich bin aber trostlos, daß ich nicht da bleiben kann. Einmal haben Euer Gnaden allerlei Neuigkeiten, ohne welche Sie gar nicht geduldet werden könnten. Dann ist es kurzweilig, zu betrachten, wie Dieselben sich martern, den Damen Dinge zu sagen, die nach etwas klingen, und ohne Inhalt sind.

v. Trüben. Meine Beste — Befehlen Sie ihm, daß er geht —

Maring. Die Christenpflicht gebeut es; denn bliebe ich, so würde ich Noten machen, wo kein Text ist. Euer Gnaden ganze Artigkeit würde aufgelöst, und es bliebe nichts davon übrig, als die Redensart: es freut mich, Sie wohl zu sehen, nebst etwas bösem Willen. Das wäre ein grober Todtschlag. — Damit ich ihn nicht begehe — scheide ich. (Er geht ab.)

Siebenter Auftritt.

Madam Lestang. Hofjunker von Trüben.

v. Trüben. Der junge Vetter hat doch einen unartigen Humor.

Mad. Lestang. Er ist sonst ein guter Junge.

v. Trüben. Ganz recht — ein Junge. Unter dem Titel mag er passiren. Denn, wenn er einen Mann von Edukation repräsentiren wollte, könnte man seine Facons ohne Correction doch nicht hingehen lassen.

Mad. Lestang. Mein Mann hält etwas auf ihn —

v. Trüben. Wie er die Marotte hat, auf manches Unerzogene viel zu halten.

Mad. Lestang. Freilich!

v. Trüben. Wissen Sie, daß sich der Mann mit der Passion für die Kleine ein entsetzliches Ridicule gibt?

Mad. Lestang. Leider!

v. Trüben. Aber ganz entsetzlich! Er hat ohnehin seit kurzem viel von seinem Credit verloren.

Mad. Lestang. Weßhalb?

v. Trüben. Mein Gott! seine rüde Art, den Leuten zu antworten.

Mad. Lestang. Seine Schwermuth —

v. Trüben. Was Schwermuth! die schließt doch die Complaisance nicht aus. Dazu einige Dienstfehler — Plaudereien in öffentlichen Angelegenheiten.

Mad. Lestang. Aber er spricht ja fast gar nicht.

v. Trüben. Muß doch seyn. Mein Onkel, der Herr Minister,

sagte selbst neulich — wer hätte das denken sollen, daß man sich auf Lestang nicht verlassen könnte? Ei! deßhalb hat ja auch ein Anderer die erste Archivarstelle erhalten.

Mad. Lestang. Es ist mir unbegreiflich!

v. Trüben. Nun jetzt die Liebschaft mit der Julie — Gestern ward an Tafel davon gesprochen. Sehen Sie! das sind alles die Folgen von der Natürlichkeit, welche solche finstere Menschen jetzt protegiren. Da egariren sich die Herzen, und ehe man es sich versieht, sind diese Philosophen in unerlaubte Passionen verwickelt.

Mad. Lestang. Die sie hernach für rechtmäßig und unvermeidlich ausgeben.

v. Trüben. C'est cela. - Jedermann bedauert nur die schöne Madam Lestang. Eine Frau, die so ganz gemacht ist, die Huldigung aller Menschen von Geist und Gefühl zu empfangen.

Mad. Lestang. Ich verbitte diese Wendung, Herr Hofjunker.

v. Trüben. Ja so sind Sie nun. Ist ein Mann von Gefühl von Ihren Vollkommenheiten durchdrungen, und widmet er diesen seltnen Talenten, diesem köstlichen Herzen, seine treue Freundschaft — so nennen Sie das eine Wendung.

Mad. Lestang. Ich verkenne nicht Ihren Antheil, aber —

v. Trüben. Aber was will ich denn? daß Sie frohe Tage leben, Sich Gerechtigkeit geben, Ihr Leben genießen sollen — das ist alles. Mit dem zärtlichsten Devouement für den Herrn Gemahl und alle seine — seine Originalitäten haben Sie es nun lange genug vergeblich probirt. Eh bien! nun sollten Sie einmal die Manier ändern, das würde ihm gut thun.

Mad. Lestang. Schwerlich. Er ist in Leidenschaft und Starrsinn versunken. Mein Glück ist dahin.

v. Trüben. Das ist abscheulich. — Seyn und bleiben Sie ihm constamment ergeben, aber eine hübsche Frau kann doch durch eine leichte Unruhe — durch eine gewisse Tournure einen grämlichen Mann desorientiren. Warum ist der Mann gegen Sie verschlossen?

Mad. Lestang. Weil ich ihm nicht mehr bin, was ich ihm war.

v. Trüben. Wohl — so thun Sie auch dergleichen.

Mad. Lestang. Wie?

v. Trüben. Als ob er Ihnen nicht mehr wäre, was er Ihnen war.

Mad. Lestang. Ach er bewirkt ja diesen Zustand fast mit Gewalt.

v. Trüben. Natürlich! — bestehen Sie darauf, daß die Kleine aus dem Hause kommt.

Mad. Lestang. So sieht er sie außer dem Hause.

v. Trüben. In Gottes Namen!

Mad. Lestang. Nimmermehr.

v. Trüben. Also sind Sie doch wirklich eifersüchtig? Beweis daß Herr Lestang noch geliebt wird. Er ist auf meine Ehre sehr glücklich. Schade ist es nur, daß die finstere Verschlossenheit Ihres Mannes und seine Liebschaft Sie in den Ruf bringen, als könnten Sie weder seinem Verstande noch seinem Herzen Genüge leisten.

Mad. Lestang. Sie sind ein schlimmer Tröster.

v. Trüben. Madam — ich bin gerecht. Mancher ist blind gegen Ihre Vorzüge, das bin ich nicht. — Ihr Glück liegt mir am Herzen und das ohne allen Eigennutz. Ich habe einen ganz neuen Plan für Ihr Glück gemacht. Wissen Sie, was ich thun werde? Ich werde eine kleine Persecution in seinem eigenen Reiche gegen Ihren Mann anstellen. Ich werde der kleinen Julie Angst einjagen und ihr nach und nach den Kopf verdrehen. Alle honetten Leute sollen conspiriren, den Mann aus seinem Geleise zu bringen und Ihre Ruhe Ihnen wieder zu schaffen. In dergleichen Dingen habe ich Routine. Ich gehe gleich zu Julien und lege ein Feuerchen an. An der Flamme wollen wir den Ehrenmann peu à peu sengen, daß er ein bischen embarassirt wird (Er geht ab.)

Mad. Lestang. Ja! Ich will ihn nicht verhindern. Ich thue Recht. Er mag auch einmal die Unruhe fühlen, die ich lange genug empfunden habe. Er liebt mich nicht mehr — er mag leiden in der Welt, die er liebt.

Achter Auftritt.

Der Onkel Lestang. Madam Lestang.

O. Lestang. Guten Morgen, Frau Nièce.

Mad. Lestang (dankt mit verdrießlichem Kopfnicken).

O. Lestang. Haben Sie etwas zu befehlen?

Mad. Lestang (schüttelt den Kopf)

O. Lestang. Gestern soll es wieder arg hergegangen seyn, zwischen dem Rath Wallnau und seiner Frau.

Mad. Lestang. So?

O. Lestang. Auch mit seinen Schwiegereltern hat er Verdruß gehabt.

Mad. Lestang. So?

O. Lestang. Es sind zanksüchtige Menschen, seine Schwiegereltern.

Mad. Lestang. So?

O. Lestang. Sonst fromme Leute, die fleißigsten Gotteshausbesucher. Sie versäumen weder Betstunde noch Frühpredigt. Sie sind reich und strenge. Der Rath ist darin zu beklagen. Wenn er nicht in allem Folge leistet, was sie haben wollen und wie sie es haben wollen, so bekommt er gewiß keinen Heller zu erben, wenn die Frau stirbt.

Mad. Lestang. Ja.

O. Lestang. Er ist ein armes Kind vom Lande, und hat sich die lange Zeit her schon mit der Frau und ihren Eltern geplagt.

Mad. Lestang. Ja.

O. Lestang. Freilich weiß ich wieder nicht, für wen Herr Wallnau Geld braucht. Er hat keine Erben noch nahe Verwandten.

Mad. Lestang. Hm!

O. Lestang. Seine Frau stirbt bald.

Mad. Lestang. So?

O. Lestang. Sie ist hektisch. — Daher kommt auch das beständige Zanken.

Mad. Lestang. Warum erzählen Sie nun das alles?

O. Lestang. Es ist das Neueste, was ich weiß.

Mad. Lestang. Ich verlange keine Neuigkeiten.

O. Lestang. Ich wüßte sonst nicht, was ich reden sollte. Ihre Hühner habe ich gefüttert.

Mad. Lestang. So?

O. Lestang. Sie sind recht munter.

Mad. Lestang. Daran thun die Hühner recht wohl.

O. Lestang. Das denke ich auch. — Ja — darf ich nun Ihre Blumen begießen?

Mad. Lestang. Ja.

O. Lestang. Ich danke Ihnen gehorsamst dafür. (Er geht.)

Mad. Lestang. Ich will sie selbst begießen.

O. Lestang. Haben Frau Nièce gut geschlafen?

Mad. Lestang. Sonderbare Frage! (Unfreundlich.) Ich bin ja nicht krank!

O. Lestang (ängstlich). Ich wünsche nur, daß Sie gut geruht haben mögen.

Mad. Lestang. Wo ist mein Mann?

O. Lestang. Ach!

Mad. Lestang. Nun?

O. Lestang. Sie werden sich ärgern.

Mad. Lestang. Thut nichts.

O. Lestang. Bei ihr —

Mad. Lestang. So so!

O. Lestang. Bei Julien, meine ich.

Mad. Lestang. Ich verstehe ganz wohl.

O. Lestang. Alle Morgen —

Mad. Lestang. So?

O. Lestang. Nach Tische, vor Schlafengehen, immer ist er dort.

Mad. Lestang. Ei! Sagen Sie doch meinem Mann, daß Sie mir das gesagt haben.

O. Lestang. Wenn Sie befehlen — o ja. Es ist arg. Thun Sie das Beste, daß sie wegkommt.

Mad. Lestang. Doch?

O. Lestang. Es ist auch für die Kleine so das Beste. — Ja — weiter wüßte ich jetzt wohl nichts zu sprechen. — Darf ich nun wieder gehen?

Mad. Lestang. O Gott ja.

O. Lestang. Seyn Sie nicht ungehalten auf mich.

Mad. Lestang. O nein!

O. Lestang. Ich meine es gewiß gut.

Mad. Lestang. O ja.

O. Lestang (will ihr die Hand küssen).

Mad. Lestang (zieht sie zurück). Lassen Sie ein für allemal das gut seyn. Sie sind meines Mannes Onkel, ich bin Ihnen ja Respekt schuldig —

O. Lestang (immer bemüht ihre Hand zu küssen). Thun Sie mir das nicht zu Leide —

Mad. Lestang (lebhaft). Was?

O. Lestang (erschrocken) Sagen Sie nicht, daß ich Respekt verdiene — ich weiß wohl — daß ich — (gerührt) ein einfältiger Mann bin, und ich bitte nur um ein bischen Geduld.

Neunter Auftritt.

Vorige. Archivar Lestang.

Archiv. Lestang (grüßt den Onkel gutmüthig, und reicht der Frau treuherzig die Hand).

O. Lestang (verneigt sich etwas)

Mad. Lestang (reicht ihm kalt und höflich die Hand).

O. Lestang (schüchtern näher tretend). Guten Tag, Vetter August.

Archiv. Lestang (in Papieren blätternd). Freilich, ein Tag, wenn er nicht gut zugebracht wird — ist — lang. (Er sieht den Onkel freundlich an.)

Mad. Lestang (mit Unmuth). Das weiß Gott!

Archiv. Lestang (küßt seine Frau). Adieu! (Er geht.)

Mad. Lestang. Wohin?

Archiv. Lestang. Ins Archiv. (Er bleibt an der Thür stehen.)

Mad. Lestang. Glückliche Geschäfte!

Archiv. Lestang (nickt mit dem Kopfe und ist im Begriff zu gehen)

Mad. Lestang (lebhaft). Ein Wort!

Archiv. Lestang (kommt zurück).

Mad. Lestang. Wenn Du mir jemals die Sorgfalt hättest beweisen wollen, die Du einer alten Urkunde widmen kannst —

Archiv. Lestang (bekümmert, mit schmerzlichem Tone) O!

Mad. Lestang. Aber da ich nur Deine Frau bin —

Archiv. Lestang. In der That! Eine — hm!

(Er hält inne.)

Mad. Lestang. Ich bitte um das, was Du zurückbehalten willst.

Archiv. Lestang. Eine Frau ist ein kostbares — ungewisses Dokument.

Mad. Lestang. Kostbar? In welchem Sinne?

Archiv. Lestang (indem er die Hand auf sein Herz legt). Hier!

Mad. Lestang. Und wenn ich bitten darf — wo ist dieß kostbare Dokument ungewiß?

Archiv. Lestang (legt sanft und freundlich den Zeigefinger auf seinen Trauring) Hier — Adieu, Friederike! (Er geht ab.)

Mad. Lestang (steht einen Augenblick betroffen und nachdenkend).

O. Lestang (sieht dem Archivarius nach, dann sieht er sie an, und tritt endlich bescheiden zu ihr hin). Darf ich fragen, Frau Nièce, wie ich das verstehen soll?

Mad. Lestang. Lieber Herr Onkel, Sie ging diese Weisheit gar nichts an, denn bei Ihnen ist Gott Lob nichts kostbar oder ungewiß. Man weiß auf den ersten Blick, woran man mit Ihnen ist. (Sie geht ab.)

O. Lestang (sieht ihr nach, legt den Finger an seine Stirne). Das ist ja wohl ein Lob? (Er faltet die Hände.) Ach das ist mir lange nicht passirt. (Er geht ab.)

Zweiter Aufzug.

Das vorige Zimmer.

Erster Auftritt.

Jakob und der **Einnehmer Grellmann** treten ein.

Grellmann (sehr unruhig). Sein Herr wird doch auch bald kommen?

Jakob. Ich erwarte ihn jeden Augenblick. Er hat die Akten schon hergeschickt und wird also zu Hause arbeiten.

Grellmann (geht unruhig umher, und fragt dann sehr besorgt). Ist er heut guter Laune?

Jakob. Haben Sie Geschäfte mit ihm?

Grellmann. Nun — ja.

Jakob. Für die Geschäfte ist der Herr immer aufgeräumt. — Da kommt er. — Herr Einnehmer Grellmann wünscht Sie zu sprechen. (Er geht ab.)

Zweiter Auftritt.

Einnehmer Grellmann. Archivar Lestang.

Grellmann. Ach Gott! (Er faßt Herrn Lestangs Hand.) Seyn Sie mein guter Engel.

Archiv. Lestang (betroffen). Mein Herr —

Grellmann. Stehen Sie mir bei! helfen Sie mir!

Archiv. Lestang. Worin?

Grellmann. Ich bin ein ehrlicher Mann. — Vater von sechs Kindern. Erkundigen Sie Sich nach mir — ich bin ein sehr ehrlicher Mann.

Archiv. Lestang (macht eine Bewegung anzudeuten, daß er fortfahren möge)

Grellmann. Ich bin unglücklich. Meine Ehre steht auf dem Spiel — mein Dienst! Alles!

Archiv. Lestang (zuckt mit den Schultern).

Grellmann. Frau und Kinder gerathen in Verzweiflung — an den Bettelstab!

Archiv. Lestang. Weiter, Herr Grellmann.

Grellmann. Meine Rechnungen — — ich soll sie morgen ablegen — ich kann es nicht. Es fehlen mir 1000 Thaler. Ein unglückliches Spiel, wodurch ich mich in die Höhe bringen wollte, ist Schuld, helfen Sie mir mit der Summe, sonst bin ich ohne Rettung beschimpft und verloren.

Archiv. Lestang (reicht ihm die Hand, und sagt mit Empfindung, aber auch mit Entschlossenheit) Ich kann nicht helfen.

Grellmann. Sie sind der einzige Mann in der Stadt, der zu einer solchen Handlung fähig ist.

Archiv. Lestang. Das wäre mir leid.

Grellmann. Sie haben so viel geholfen —

Archiv. Lestang. Darum kann ich nun nichts mehr thun.

Grellmann. Verzeihen Sie meiner Angst; aber Sie haben doch das Vermögen dazu.

Archiv. Lestang. Mäßiges Vermögen für meine Wittwe.

Grellmann. Ich will alles erstatten.

Archiv. Lestang. Das können Sie nicht, und ich kann tausend Thaler nicht verschenken.

Grellmann. Sie brauchen das Geld nicht baar zu geben, wenn Sie unterschreiben, daß —

Archiv. Lestang. Das ist einerlei.

Grellmann. Wenn Sie nur bei einem Darleiher Ihr Wort geben —

Archiv. Lestang (heftig). Nein, nein, nein!

Grellmann Lieber Herr Archivar

Archiv. Lestang. Ich gebe kein Wort.

Grellmann. Das ist hart.

Archiv. Lestang. Daß ich nicht helfen darf, ist hart.

Grellmann. Geben Sie mir nur Hoffnung.

Archiv. Lestang. Hoffnung ist ein Versprechen — ich gebe kein Versprechen.

Grellmann. Mein Gott! Sie haben doch den Ruf, daß Sie —

Archiv. Lestang. Dieser Ruf ist mein Unglück. Ich habe für Einige zu viel gethan, darum soll ich für Alle Alles thun. Der Sammelplatz der Unglücklichen ist bei mir, sie belagern mein Herz, mein Vermögen, quälen, drängen und martern mich. Mein Gefühl leidet, mein Wille ist gehemmt, ich muß Nein sagen, meine Augen wegwenden, mein Herz verbluten lassen und Nein sagen. Ich muß Nein sagen, weil ich zu oft in meinem Leben Ja gesagt habe; deßhalb werde ich verkannt und muß mich von den Menschen zurückziehen.

Grellmann. Da Ihre Kinder gestorben sind, da Sie in Ihrem Hause nicht glücklich sind —

Archiv. Lestang. Wer sagt Ihnen das?

Grellmann. Die Leute. Man weiß, oder man meint — daß Ihr Ehestand nicht — ach verzeihen Sie, ich weiß nicht was ich rede, die Sinne vergehen mir. Sind Sie aber nicht glücklich — so geben Sie Sich den Trost Andre glücklich zu machen.

Archiv. Lestang. Martern Sie mich nicht — ich kann und darf nicht thun, was Sie fordern.

Grellmann (unmuthig). So wollte ich — daß ich mich Ihnen nicht anvertraut hätte.

Archiv Lestang. Ich gebe mein Wort, daß ich schweige.

Grellmann (schlägt sich vor die Stirne). Todtschießen, oder ins Wasser springen — das habe ich nun zu wählen!

Archiv. Lestang. Sechs Kinder bleiben zurück!

Grellmann. Mit einem infam kassirten Vater! besser sie haben keinen Vater mehr.

Archiv. Lestang. Kann ein Geschenk von fünfzig Thalern Ihre Lage lindern?

Grellmann. Wenn Sie es nach meinem Tode meiner Familie geben — o ja!

Archiv. Lestang (nach einer Pause). Wenn Sie Unmensch werden wollen — so gebe ich Ihnen mein Wort, Mensch zu seyn.

Grellmann. Zu den tausend Thalern geben Sie mir keine Hoffnung?

Archiv. Lestang (verneint es mit Trauer).

Grellmann. Sie haben meinen Tod auf Ihrer Seele!

Archiv. Lestang. Die Pflicht für meine Wittwe halte mich aufrecht.

Grellmann (in Verzweiflung) Daß eine Frau, die Sie nicht liebt, denn das sagt Jedermann —

Archiv. Lestang (hart). Herr Grellmann!

Grellmann. Daß sie mit etwas mehr Wohlstand lebe, während ich und —

Archiv. Lestang. Es ist genug! — Gehen Sie.

Grellmann. In den Tod! (Er geht ab)

Archiv. Lestang (steht in Nachdenken, geht einige Schritte schnell ihm nach, bleibt stehen). Nein! — Ich darf nicht. — Hat meine Frau wenig Freude neben diesem leidenden Herzen, an das sie sich hingegeben hat; so fehle ihr nicht nach meinem Tode das Vermögen, unabhängig zu leben.

Dritter Auftritt.

Archivar Lestang. Herr Seeland.

Seeland. Ich wollte vorhin zu Ihnen, Sie waren aber nicht allein —

Archiv. Lestang. Niemand als Julie ist eben damals auf meinem Zimmer gewesen.

Seeland (legt Hut und Stock ab). Ganz recht! Hm! (Er reicht ihm die Hand.) Immer trübe und ernst.

Archiv. Lestang. Nicht trübe.

Seeland. Mein lieber Freund! Es muß Sie ein besonderer Kummer drücken.

Archiv. Lestang (verneint es).

Seeland. Die Menschen haben Sie freilich sehr gemißbraucht.

Archiv. Lestang (zuckt mit den Schultern).

Seeland. Ihre Offenheit zu Ihrem Schaden gewandt und —

Archiv. Lestang. Lassen wir das —

Seeland. Und Ihr Vermögen gebrandschatzt.

Archiv. Lestang. Die Wunden verhärten sich

Seeland. So habe ich gehofft, aber — es ist nicht so. — Reden Sie liebster Lestang, was drückt Sie jetzt?

Archiv. Lestang. Erzählen ändert nichts.

Seeland. Ei was! Schließen Sie die Thür zu vor dem Freunde, der sich nicht in den Mitbesitz setzen will. Das will ich, deßhalb bin ich hier. (Er umarmt ihn.) Ich drücke dieß leidende ehrliche Herz an das meine, und nun will ich doch sehen, wie Sie mich los werden wollen!

Archiv. Lestang. Ich klage nicht gern. Und überhaupt — wie dürfte ich klagen? Es gibt eine feine Lebensklugheit, die allerdings mit dem Buchstaben der Pflichten besteht; aber diese Klugheit hat nicht zureichen wollen, mein Herz zu befriedigen. Wie wir jetzt leben — gilt nur der kluge Mensch; der gutmüthige Mensch wird für ein Spielwerk genommen, zu Spott gemacht.

Seeland. Lieber Lestang —

Archiv. Lestang. Ich habe also mit viel gutem Willen nichts erreicht — das ist nicht angenehm; aber darf ich deßhalb jemand Vorwürfe machen? Gleichwohl bin ich nicht mehr jung genug, meinen Empfindungen zu gebieten, meinen Weg entgegengesetzt zu gehen. Also trage ich meine Verkehrtheit — wenn es eine ist, im Stillen, und bin auf meiner Hut, damit ich nicht ganz für einen albernen Menschen genommen werde. Dieß in Achtnehmen hindert die Lebensfreude — da haben Sie die Geschichte meines jetzigen Lebens.

Seeland. So viel ist mir bekannt. Aber es muß Ihnen seit kurzem etwas begegnet seyn, das Ihre jetzige Stimmung veranlaßt hat? Sonst waren Sie ernst — nun sind Sie finster.

Archiv. Lestang (nach einer Pause). Nun denn — aber Sie

werden sagen, daß das alltägliche Geschichten sind. Ein verdienstvoller Gelehrter hat mich bei seinem Besuch um Staatsnachrichten gebeten, die ich, ohne meine Pflicht zu verletzen, geben konnte, obschon ein rücksichtlicherer Mann sie nicht gegeben hätte. Sein Wort machte mich offen —

Seeland. Und Ihre vertraulichen Nachrichten sind gedruckt —

Archiv. Lestang. Mit dem Zusatz, daß sie ächt seyen, indem sie von dem Archivar Lestang herkämen.

Seeland. Nun jede Indiskretion der Art ist ja jetzt Sitte.

Archiv. Lestang. Es ist sichtbar, daß seit der Zeit der Minister alle Arbeiten von Werth und Geheimniß einem Andern zutheilt. Ich bin im Verdacht der Unzuverlässigkeit. Nichts beugt mich tiefer, als wenn ich unzuverlässig scheine.

Seeland. Das fasse ich.

Archiv. Lestang. Was habe ich nicht gethan, um zuverlässig zu seyn! Was habe ich nicht dafür ertragen und aufgeopfert! Meine Freunde erkennen es — der Haufen — heißt mich einen Narren und — genug davon! Ich werde nicht fertig werden, wenn ich alle ähnlichen Streiche erzählen wollte, die mir noch kürzlich gespielt worden sind.

Seeland. Muth, lieber Lestang, Muth.

Archiv. Lestang. Ich habe unter günstigen Umständen dem Kaufmann Faber mein Wort gegeben, ihm zur Errichtung seiner Fabrike 5000 Thaler vorzuschießen. Er wird sie jetzt unter den ungünstigsten Umständen — zwar sind sie das ohne seine Schuld — anfangen — mein Wort ist gegeben — ich muß bezahlen, obschon dieß Geld, wie so manches andere, verloren seyn wird.

Seeland. Aber Sie hätten wahrlich doch Gründe sich von

diesem Worte, das unter so ganz andern Umständen gegeben wurde, zurückzuziehen.

Archiv. Lestang. Nein, nein, nein! Wort zurückziehen? Dafür habe ich keinen Begriff — Gesagt — erfüllt!

Seeland Aber wenn denn doch —

Archiv. Lestang. Ich könnte nicht über die Gasse gehen, mich nicht ansehen. Ich hätte keine Ruhe mehr auf der Welt — ich — berühren Sie den Punkt nicht. Sie können mich quälen, aber nicht erschüttern.

Seeland. Auch will ich Sie nicht wankend machen Werde ein Ehrenmann ein Opfer seines Worts — so wird doch dadurch die Wahrheit lebendig, daß es noch Männer gibt, die lieber unter ihrer Pflicht erliegen, als sich davon losmachen wollen.

Archiv. Lestang (ergreift seine Hand). Das Gefühl erhält mich, daß ich nicht weichmüthig werde.

Seeland. Und doch sind Sie gerade das.

Archiv. Lestang. Das ich nicht wüßte.

Seeland. Nicht die Schwatzhaftigkeit des Gelehrten, nicht die Sorge um Ihren Kredit bei dem Minister, noch weniger das Geld, das verloren gehen wird, kann Sie finster, einsylbig machen und oft weich. Dieser Dinge sind Sie gewöhnt. Lestang — antworten Sie dem besorgten Vater — was ist es, das Sie seit kurzem so entstellt hat? Sohn! der Vater fragt!

Archiv. Lestang Ach! (Aus tiefer Brust) Ach!

Seeland. Soll er von dem Manne, den er so innig liebt, zurückkehren, wie von einem verschlossenen Grabe?

Archiv. Lestang. Nur Ein Wort habe ich gegeben, das ich nicht halte.

Seeland. Wem?

Archiv. Lestang. Meiner Frau.

Seeland. Guter Sohn!

Archiv. Lestang. Ich habe ihr versprochen, sie glücklich zu machen — das Wort vermag ich nicht zu halten.

Seeland. Lieben Sie also Ihre Frau nicht?

Archiv. Lestang. Ich liebe sie, ja! von ganzer Seele!

Seeland. Und was läge an Ihnen, daß meine Tochter durch Sie nicht glücklich werden könnte?

Archiv. Lestang. Sie kann mich nicht lieben. Meine Art zu seyn, zu denken, zu fühlen, meine Verbindungen, alles muß ihr lästig seyn. Sind meine Jahre und mein Aeußeres wohl gemacht, für das alles sie zu entschädigen?

Seeland. Lieber Sohn —

Archiv. Lestang. Ich habe sie überredet, ich habe sie gebeten, mich zu lieben. Sie gab nach, sie hoffte vielleicht mich zu ändern; das vermag ich nicht und sie ist unglücklich.

Seeland. Ueber diese Dinge wollen wir uns offenherzig verständigen. Eine gute Frau wünscht ihren Mann fröhlich. Eine junge Frau kann keinen Gefallen an dem beständigen Ernst haben, darin Sie neben ihr gehen.

Archiv. Lestang. Sehr wahr.

Seeland. Sie lieben Ihre Frau, weßhalb sagen Sie es ihr nie?

Archiv. Lestang. Was beweisen Worte?

Seeland. Sie erfreuen.

Archiv. Lestang. Mein Thun erfreut sie nicht.

Seeland. Sie könnten etwas thun, das Ihre Frau sehr glücklich machen würde.

Archiv. Lestang. Geschwind!

Seeland (nach einer Pause). Lassen Sie Julien aus dem Hause ziehen.

Archiv. Lestang (sieht ihn erstaunt an).

Seeland. Bekümmern Sie Sich weniger um dieses Mädchen!

Archiv. Lestang (seufzt und sieht in tiefen Gedanken nieder).

Seeland. Dann ist Ihr Hausglück gemacht.

Archiv. Lestang (sieht ihn an und sagt schmerzlich) Ist es möglich!

Seeland. Nun?

Archiv. Lestang. Vertraut auch meine Frau mir nicht!

Seeland. Werden Sie meine Bitte erfüllen?

Archiv. Lestang. Bin ich auch für die nicht zuverlässig?

Seeland. Werden Sie meine Bitte erfüllen?

Archiv. Lestang. Ich kann es nicht.

Seeland. Das ist unter allen Umständen, die ich nicht weiter erörtern mag — denn freilich auffallend.

Archiv. Lestang. Wenn man mißtrauisch gegen mich ist — ja. Aber muß man mir nicht trauen?

Seeland. Wenn ein Mann durch eine solche Kleinigkeit seine Frau beruhigen kann, so —

Archiv. Lestang. Sie fordern keine Kleinigkeit.

Seeland. Das Glück Ihrer Ehe geht über alles!

Archiv. Lestang. Und dieß wäre nicht zu schaffen, ohne daß ich wie ein Niederträchtiger das feierliche Gelübde breche?

Seeland. Das Gelübde des Mannes an seine Frau ist das heiligste.

Archiv. Lestang. Und wenn ich wegen der argwöhnischen Grille einer Frau die Formalität begehe, Julien aus dem Hause zu schaffen, so könnte sie beruhigt seyn? Wenn ich meine Sorgfalt nicht mehr auf ein Mädchen wende, das ich seit ihrem vierten Jahre erzogen habe, wenn ich unwürdig das heilige

Wort breche, das ich gegeben, dieß arme Geschöpf zu erziehen, so soll ich damit die Liebe und Achtung meiner Frau gewinnen können?

Seeland. Ist Julie Ihre Tochter?

Archiv. Lestang. Auf mein Wort — nein.

Seeland. Lieben Sie Julien — theilt dieses Mädchen die Empfindungen, welche Sie nur für Ihre Frau haben sollen?

Archiv. Lestang. So wahr ich ein ehrlicher Mann bin — nein!

Seeland. Entdecken Sie das Geheimniß, das über dieser Sache waltet, Ihrer Frau.

Archiv. Lestang. Wahrlich, ich wünschte es sehr, allein ich darf es nicht.

Seeland. So müssen Sie den Argwohn Ihrer Frau begreifen.

Archiv. Lestang. Meine Frau war vor unsrer Verheirathung mit jeder meiner Lagen bekannt. Auch mit dieser.

Seeland (seufzt, nimmt Hut und Stock). Adieu! — Sie sind ein ehrlicher Mann — ich respektire Ihr Geheimniß. — Ich wünsche, meine Tochter möge es auch können, aber ich fürchte das Gegentheil. Lestang — ich bin sehr traurig und kann es Ihnen nicht verbergen — daß ich nun glaube, meine Tochter kann in der Folge für Sie verloren seyn, so wie Sie für die Welt und für Sich selbst. Mit Zureden will ich Sie nicht bestürmen — denn ich hoffe, Sie würden anders handeln, wenn Sie es könnten.

Archiv. Lestang (umarmt ihn). Glauben Sie mir — ich bin ein armer ehrlicher Mann!

Seeland. Ich glaube es — ich glaube es wahrlich. Aber mein Herz bricht darüber, daß ich keinem von Euch helfen kann.

(Er geht, bleibt in der Mitte stehen, und sagt mit Wehmuth.) Da steht er mit klopfendem gesundem Herzen, und doch muß ich sagen — er ist verloren! (Er geht ab.)

Archiv. Lestang (steht eingewurzelt auf den Boden, blickt schmerzlich auf, zieht ein Gemälde aus dem Busen, betrachtet, küßt es) Du — Du würdest Dich auf mich verlassen!

Vierter Auftritt.

Archivar Lestang. Onkel Lestang.

O. Lestang (tritt zu ihm, nimmt seine Hand und streichelt sie gutmüthig). Ich habe was zu sagen.

Archiv. Lestang. Das wäre —

O. Lestang. Ach es ist gar nicht angenehm.

Archiv. Lestang. Hm!

O. Lestang. Aber nothwendig.

Archiv. Lestang. Weiter also.

O. Lestang. Erzeige mir eine Gefälligkeit — willst Du?

Archiv. Lestang (bejaht es)

O. Lestang. Geh nicht mehr so oft auf Juliens Zimmer.

Archiv. Lestang (betroffen). Weßhalb?

O. Lestang. Es kann nichts Gutes daraus kommen — meine ich so.

Archiv. Lestang. Onkel!

O. Lestang. Das habe ich denn auch Deiner Frau gesagt.

Archiv. Lestang (sieht ihn an und schüttelt den Kopf)

O. Lestang (sieht vor sich nieder) Ja, das habe ich ihr

gesagt, und — sie möchte machen, daß Julie aus dem Hause käme.

Archiv. Lestang. Was soll das?

O. Lestang. Nun hat sie verlangt, daß ich Dir erzählen sollte, was ich zu ihr gesagt habe.

Archiv. Lestang. So.

O. Lestang. Das habe ich denn hiermit gethan.

Archiv. Lestang (bitter). Ganz recht.

O. Lestang. Sie war aber doch gar nicht freundlich, da ich von ihr gegangen bin.

Archiv. Lestang. Begreiflich.

O. Lestang Ich habe nun nicht das Herz herüber zu sehen, wie Du das aufgenommen haben magst.

Archiv. Lestang. Sie fühlen also, daß Sie besser gethan hätten, uns beiden nichts zu sagen.

O. Lestang. Ich glaube es fast.

Archiv. Lestang. Es ist schon oft so gegangen.

O. Lestang. Ach ja.

Archiv. Lestang. Aber Sie handeln doch immer nach Ihrem Sinne.

O. Lestang. Ich meine es gut.

Archiv. Lestang. Das gebe ich zu.

O. Lestang. Ich wollte, daß Du glücklicher wärst und Deine Frau.

Archiv Lestang. Wir sind nicht unglücklich.

O. Lestang. So? Es ist mir doch so vorgekommen. Deine Frau ist freundlicher gegen andre Leute als gegen Dich.

Archiv. Lestang. Deßhalb bin ich nicht unglücklich.

O. Lestang. Wenn sie nun aber gegen Dich immer verdrießlicher wird, und zugleich gegen Andere immer freundlicher —

Archiv Lestang. Das ist vielleicht meine Schuld.

O. Lestang. Aber die Leute reden wunderliche Dinge von ihr. – Sie sagen –

Archiv. Lestang (strenge). Kein Wort mehr!

O. Lestang. Du hast mich erschreckt, August!

Archiv. Lestang. Das war mein Wille. Für immer und ewig will ich Sie hiermit geschreckt haben, keine Sylbe mehr gegen meine Frau zu sagen, oder ich werde Ihnen künftig aus dem Wege gehen.

O. Lestang. Mein Gott!

Archiv. Lestang. Merken Sie Sich das.

O. Lestang. Ja, ja! Du bist sehr böse.

Archiv. Lestang Von mir können Sie reden, was Sie wollen, von meiner Frau – nichts.

O. Lestang. Ich will lieber überhaupt gar nichts mehr reden.

Archiv. Lestang (seufzt).

O. Lestang. Oder mit mir selbst.

Archiv. Lestang. Das sollte vielleicht jedermann thun.

O. Lestang. Sey nicht böse auf mich.

Archiv. Lestang (gutmüthig). Nein.

O. Lestang. Es kann mich kein Mensch leiden als Du Wenn Du Dich nun auch noch von mir wendetest –

Archiv. Lestang (reicht ihm die Hand). Nun, nun!

O. Lestang. Als Deine selige Mutter noch lebte –

Archiv. Lestang. Das war eine gute Zeit!

O. Lestang. Damals waren doch zwei Menschen, die freundlich mit mir umgingen

Archiv. Lestang (legt beide Hände auf seine Schultern) Halte ich nicht das Vermächtniß meiner Mutter in Ehren?

O. Lestang. Mehr als ich verdiene. – Nun sey nur

wieder gut, ich will wahrhaftig nicht viel mehr sprechen. Ich habe lange draußen gestanden und gezittert, ehe ich herein gekommen bin. Aber es wird spät, und ich muß noch ausgehen. — Deßhalb habe ich denn einen Zulauf genommen. Nun gib mir die Hand.

Archiv. Lestang (thut es).

O. Lestang. Adieu! — Der Hofjunker hat mir eine kostbare Spinne versprochen, die will ich haben. Vetter! — Noch will ich nichts gewiß behauptet haben, aber wenn mich Gott segnet mit den Spinnen — so kann ich Euch wohl alle noch glücklich machen. (Er geht ab.)

Archiv. Lestang. Freilich bringst Du aus lauter Liebe zum Frieden alles in Unfrieden — aber Du bist auf Deine Weise der Märtyrer Deiner Ueberzeugung wie ich! — Ach daß ich ein Spielwerk hätte, das nach durchkämpftem Tage mich so glücklich machte, als Dich die langen Reihen von Spinnen, Wappen und Würmern.

Fünfter Auftritt.

Archivar Lestang. Julie.

Julie. Denken Sie nur, die ganze Zeit her, daß wir uns nicht gesehen haben, ist der Hofjunker bei mir gewesen.

Archiv. Lestang. So?

Julie. Er hat mir eine Menge Dinge vorgesagt, die recht artig seyn sollten; aber mir ist es vorgekommen, als wenn er lauter verwirrtes Zeug spräche.

Archiv. Lestang. Das mag es auch gewesen seyn.

Julie. Bis auf Einen Umstand. (Sie seufzt.)

Archiv. Lestang. Nun?

Julie. Er hat mich gewarnt — ich sollte nicht meiner Leidenschaft nachhängen, ich machte andere Menschen unglücklich, und ich werde selbst höchst unglücklich werden. Dabei hat er oft inne gehalten und ein sehr ernsthaftes Gesicht gemacht. Nun habe ich gemeint, ich müßte Ihnen das erzählen.

Archiv. Lestang. Ganz recht. Sey immer offen gegen uns.

Julie. Gegen Sie bin ich es gewiß. Gegen Madam Lestang kann ich es nicht seyn.

Archiv. Lestang. Deine Eitelkeit fordert zu viel von ihr.

Julie. Ich verlange nichts, als daß sie mein ehrliches Herz erkennen soll.

Archiv. Lestang. Das thut sie.

Julie. Nein! Sie ist fremd und kalt gegen mich, sie mustert mich von unten bis hinauf, und sieht mich mit einem Blick an — so — ich kann so einen Blick gar nicht machen. Aber freilich — (sie seufzt) ich weiß wohl, woher das kommt.

Archiv. Lestang (gespannt). Woher?

Julie. Ich sollte wohl nicht davon sprechen — denn so oft ich es auch gethan habe — sind Sie traurig geworden. Aber — heute muß ich davon reden — Es hat eine Ursache.

Archiv. Lestang. Also —

Julie. Madam Lestang ist stolz — und — es ist ihr zuwider, daß sie mit einem Mädchen leben und umgehen muß, das weder seinen Vater noch seine Mutter kennt.

Archiv. Lestang. Grille.

Julie. Es ist doch auch recht traurig, daß das mit mir so ist. — Sie haben mir oft gesagt, es müßte so seyn —

Archiv. Lestang (gutmüthig). Ja, meine liebe Julie.

Julie. Und Sie sagen immer die Wahrheit. Sie sind auch so gütig gegen mich — so herzlich, daß ich oft darüber weine, daß Sie nicht mein Vater sind.

Archiv. Lestang. Du bist ein gutes, dankbares Kind.

Julie. Gewiß — gewiß. (Sie sieht ihn wehmüthig an.) Aber — aber —

Archiv. Lestang. Nun?

Julie. Wenn Sie nun — — nein daran kann ich gar nicht denken — (Sie bedeckt das Gesicht.)

Archiv. Lestang. Woran?

Julie. Wenn Sie nun einmal sterben sollten! (Seufzt.) Wo gehöre ich dann hin? Dann muß ich gleich aus dem Hause und weiß nicht wohin!

Archiv. Lestang. Dafür ist gesorgt.

Julie. Sie haben mir gesagt, daß mein Vater lebe. — Will er mich denn gar nicht sehen? — Ach ich denke so oft an ihn und stelle mir vor — so groß mag er seyn, so mag er aussehen, so klingt der Ton seiner Stimme — so wird er rufen — meine liebe Julie! dann klopft mein Herz, ich weine und rufe laut — Vater, Vater, lieber Vater! — Aber ein Tag geht nach dem andern hin und keine Stimme antwortet: — meine Tochter!

Archiv. Lestang. Sey ruhig. Du wirst Deinen Vater kennen lernen.

Julie. Bald — bald!

Archiv. Lestang. Vielleicht.

Julie (traurig). Vielleicht auch nicht. O das ist sehr übel. — Wenn ich unter meinen Freunden recht lustig bin, erzähle, singe oder wir spielen Sprichwörter — so ist mir auf einmal so zu Muthe als dürfte ich nicht so laut lachen, so stark singen und so lustig seyn wie meine Gespielinnen. Dann reiße ich ein Fenster auf, lege mich weit hinaus und möchte laut in die Welt hinaus rufen — Vater! Du thust nicht recht an mir!

Archiv. Lestang. Es ist Dein Glück, weßhalb Dein guter Vater zögert. Geduld, mein Kind — Geduld!

Julie. Nicht wahr — ich bin doch gar nicht glücklich! (Vor sich hin.) Ich werde auch unglücklich bleiben.

Archiv. Lestang. Nicht doch. Weßhalb —

Julie. Wie kann nur jemand gut seyn, wenn niemand weiß, wer ich bin?

Archiv. Lestang (nach einer Pause). Hast Du jemand gesehen, dem Du recht gut bist?

Julie. Die langen Ermahnungen des Hofjunkers sind Schuld daran.

Archiv. Lestang. Daß Du dem Hofjunker gut bist?

Julie. Gott soll mich bewahren! Aber — weil er sagte — ich möchte mich ja in Acht nehmen, und niemand lieb haben — so habe ich nachgedacht — und da hat es sich gefunden, daß ich jemand sehr gut bin.

Archiv. Lestang. So?

Julie. Ich bin sehr erschrocken, wie ich das so eigentlich gemerkt habe, und deßhalb komme ich, es Ihnen gleich zu sagen.

Archiv. Lestang. Das ist brav von Dir, liebe Julie.

Julie. Ach — er macht sich aber gar nichts aus mir, der den ich lieb habe. Gar nichts.

Archiv. Lestang. Wer ist es denn?

Julie. Der Vetter Maring.

Archiv. Lestang. Hm! Der?

Julie. Sie haben es doch nicht etwa schon gemerkt?

Archiv. Lestang. Nein. Wahrlich nicht.

Julie. Das freut mich. Denn um alles in der Welt muß Maring das nicht erfahren, daß ich etwas auf ihn halte.

Archiv. Lestang. Du hast Recht.

Julie. Und Sie versprechen es mir recht ernstlich, daß Sie es ihm auch nicht merken lassen wollen.

Archiv. Lestang. Sehr ernstlich.

Julie. Das ist schön! das ist schön! Nun kann ich ohne Scheu mit ihm reden. Nun, da Sie es wissen, darf ich ihm auch in die Augen sehen, das thue ich recht gern.

Archiv. Lestang. Mein Kind, mein Kind —

Julie. Er hat so sonderbare freundliche Augen, daß ich recht vergnügt werde, wenn ich ihn eine Weile angesehen habe.

Archiv. Lestang. Liebe Julie — da Du aber sagst, Du wissest, daß er Dich nicht liebe —

Julie. Nein er liebt mich gewiß gar nicht · Er macht sich immer über mich lustig. Aber das nehme ich nicht übel, weil ich ihm gut bin und da er nichts davon weiß — so schadet es ihm ja auch nichts.

Archiv. Lestang. Entdecke diese Liebe zu Maring meiner Frau.

Julie. Nein, nein!

Archiv. Lestang. Bitte Sie um ihren guten Rath.

Julie. Das kann ich nicht.

Archiv. Lestang. Warum nicht?

Julie. Ich habe kein Vertrauen zu ihr. Und dann würde sie auf alle meine Blicke Acht geben und jedes Lachen deuten; sie und der Hofjunker würden mich auslachen — ich dürfte Maring nicht mehr sehen. Sie würde es ihm wieder sagen. Alle würden sie mich auslachen und meine Gutheit verspotten. (Sie bedeckt das

Gesicht.) Nein, nein! (Sie wirft sich in seine Arme.) Ihnen habe ich mich gern anvertraut — nicht Madam Lestang. Bitte, bitte! (Schnell)Sie haben mir Ihr Wort gegeben, daß es niemand erfahren soll und Ihr Wort haben Sie noch niemals gebrochen. Ich verlasse mich darauf.

Archiv. Lestang. Das kannst Du!

Julie. Das ist schön, das ist schön. Wenn ich etwas nicht recht mache, so geben Sie mir nur einen Wink. Ich will gewiß alles so anstellen, daß Sie recht zufrieden mit mir bleiben.

Maring (von außen). Ich komme gleich!

Julie (erschrocken) Ach mein Gott! das ist seine Stimme! Er wird mir alles ansehen, was ich mit Ihnen gesprochen habe. Nein, in diesem Augenblick kann ich ihm unmöglich in die Augen sehen. (Sie geht schnell nach der Thüre zu) Nun kommt er gar daher. (Sie stellt sich an die Seite der Thüre und macht Maring bei seinem Eintreten mit niedergeschlagenen Augen eine Verbeugung.)

Sechster Auftritt.

Friedrich Maring. Archivar Lestang Julie.

Maring (im Eintreten). Eingekauft ist — (Er sieht Julien.) Sie hier, lose Kleine?

Julie. Ihre Dienerin, Herr Maring! (Sie geht eilig fort.)

Maring. Liebster Vetter, was haben Sie mit der Kleinen vorgehabt — sie hatte feuerrothe Wangen, — schlug ihr Auge scheu zu Boden, und machte mir einen ächten Confirmandinnen-Knix.

Archiv. Lestang. Ein andermal davon.

Maring. Vetter, Vetter! (Mit gefalteten Händen, sanft.) Wo sitzt der Schmerz? (Er deutet lachend auf des Archivars Herz.) Tief in Dein'm Herz! (Schmerzlich.) Was macht gesund? (Lachend auf die Thür deutend, wo Julie abgegangen ist.) Ihr Rosenmund! (Mit untergeschlagenen Armen dicht vor ihm.) Nimmst Du ihn an?

Archiv. Lestang. Mensch, Du weißt nicht, wie glücklich Du bist.

Maring. Habe ich das große Loos gewonnen!

Archiv. Lestang. Vielleicht das beste — aber nein — wem kann man rathen, in diese Lotterie sich einzulassen, wo selbst die Gewinne so verkümmert werden.

Maring. Vetter meines Herzens, Sie mögen da köstliche Dinge geredet haben, aber ohne den Schlüssel dazu, begreife ich diese hohe Rede so wenig, wie Jakob Böhmens Schriften

Archiv. Lestang (abbrechend). Nun denn — hast Du eingekauft?

Maring. Einen prächtigen Aufsatz — nun sehen Sie ihn: ich habe das Kästchen, worin er ist, in Ihre Bibliothek hinter Merians Topographie geschoben. Madam Lestang wird meinen Geschmack preisen. Und den wollen Sie eigenhändig der Frau Gemahlin darbringen?

Archiv. Lestang. Ich denke wohl. Habe Dank für die Mühe. — Du mußt nicht so viel Possen mit Julien treiben.

Maring. Hat sie mich verklagt?

Archiv. Lestang. Nicht doch. Aber wozu führen die Tändeleien?

Maring. Sie amüsiren.

Archiv. Lestang. Dazu ist Julie zu gut.

Maring. Hm! Sie ist hübsch – aber weder gut noch schlimm. Sie ist Nichts. Sie liebt nicht, ich liebe nicht — unsre launigen Unterhaltungen schaden also niemand.

Archiv. Lestang (klopft ihm auf die Schulter) Das kann man nicht wissen.

Maring. Ich kenne zwei Männer, deren ernsthafte Unterhaltungen ihr mehr Schaden thun. Diese Männer sind Sie und Wallnau!

Archiv. Lestang (seufzt). Du hast Unrecht. — Ich will besorgen, daß meine Frau den Aufsatz bekommt. Ist sie heute guter Laune?

Maring. Ach ja!

Archiv. Lestang. Thu alles sie zu erheitern. Ich bin Dir herzlich dankbar dafür. (Er geht ab)

Maring. Wie es diesen Eheleuten so viel Mühe kostet, auf die Höhe eines frohen Augenblicks zu kommen! Nach welchem Formular sind sie aber auch kopulirt! (Er stemmt die Arme in die Seite, sieht ihm nach und sagt dann in komischer Gravität) Friederike Rosen, willst Du gegenwärtigem August Lestang das Leben sauer machen, wo Du weißt und kannst? Ja! August Lestang, willst Du gegenwärtiger Friederike Rosen, Laune, Lust und Leben zum unerlöslichen Eigenthum hingeben? Ja! Dafür hat man ihm freilich den Titel verehrt — Und er soll Dein Herr seyn. — Es ist aber eine bittere Herrschaft, denn alle Weiber sind révolutionnaires und maskirte Terroristinnen. Drum schlinge sich jedes Christenkind in der Liebe Rosenbande, und meide das goldene Ringelchen, das vom Finger aus die arme Seele mit umklammert. (Er will gehen.)

Siebenter Auftritt.

Friedrich Maring. Rath Wallnau

Wallnau (tritt nicht unfreundlich, doch sehr bestimmt auf ihn zu). Es ist mir sehr lieb, daß ich Sie treffe, Herr Maring.

Maring. Treffe! Nun das geht ja gerade auf mich los.

Wallnau. Erlauben Sie mir als Freund vom Hause eine offenherzige Bemerkung.

Maring. Das lautet schon milder. Nun?

Wallnau. Ihre gute Laune, oder vielmehr Ihr Muthwille verschont niemand. Das ist nicht recht.

Maring. Die grämliche Laune der Menschen verschont mich auch nie.

Wallnau. Ich bin sehr fern von der Anmaßung, Sie berathen zu wollen. Aber Sie werden die Bitte nicht übel deuten, daß Sie künftig einige Auswahl unter denen treffen mögen, die Sie zum Gegenstand Ihrer Neckereien machen.

Maring. Zum Exempel?

Wallnau. Sie gehen manchmal wunderlich mit der guten kleinen Julie um.

Maring (lacht). Ei das närrische Ding antwortet so hübsch.

Wallnau (ernst) Sie sind Schuld daran, daß Julie in der gestrigen Gesellschaft durch ihre treuherzige Unbefangenheit zum Gelächter ward. Ich habe darüber gelitten, denn ich interessire mich für das arme Mädchen, weil sie wirklich überaus brav ist.

Maring. Das ist sie. (Neckend.) Und überaus hübsch.

Wallnau. Machen Sie Anspruch auf Juliens Güte und Schönheit?

Maring (schnell und höflich) Ich mache auf niemand in der Welt Anspruch.

Wallnau. So seyen Sie ehrlich, und thun Sie wenigstens dem Mädchen keinen Schaden.

Maring. Schaden will ich niemand — (er lacht) aber ich amüsire mich gern.

Wallnau (lebhaft) Hier verbitte ich mir Ihr Amusement.

Maring (mit großen Augen). So?

Wallnau (gefaßt). Sie kränken meinen Freund dadurch.

Maring. Sind Sie auch in Julien verliebt?

Wallnau. Herr Maring —

Maring. Nun Herr Rath, es ist auch mir lieb, daß ich Sie treffe.

Wallnau (gespannt) Weßhalb?

Maring. Als Freund vom Hause erlauben Sie mir eine offenherzige Bemerkung.

Wallnau. Recht gern. Zur Sache.

Maring. So unmittelbar als möglich. Ihre Ernsthaftigkeit ist viel schädlicher als meine gute Laune, und zweideutiger als mein Muthwille. Machen Sie Madam Lestang und Julien nicht ferner zum Gegenstand Ihrer besondern Ernsthaftigkeit. Sie kränken dadurch meinen Vetter.

Wallnau. Bursche!

Maring. Ganz recht, ich komme eben von der Universität, und bin in der Uebung, den wackern Titel geltend zu machen. Wenn mein redlicher Vetter nicht weiß, woran er mit Ihnen ist, so weiß ich es desto besser. Woran Sie mit mir sind, daran können Sie nicht mehr zweifeln. Sollte es Ihnen aber doch noch um fernere Erklärungen zu thun seyn, so wissen Sie, wo ich zu treffen bin. (Er geht ab.)

Wallnau (ihm nachsehend). Ist der Mensch von Sinnen?

(Er denkt einen Augenblick nach.) Die Sachen hier im Hause müssen auf einen andern Fuß. Ehrlicher Lestang — was es mich auch kosten mag, ich muß dich aus deiner Sorglosigkeit aufwecken.

Achter Auftritt.

Rath Wallnau. Madam Lestang.

Mad. Lestang. Ich habe Sie ins Haus gehen sehen, lieber Wallnau. Haben Sie mich heute nicht sehen wollen?

Wallnau. Ich war im Begriff —

Mad. Lestang. Sie waren gestern nicht bei uns. Sie müssen es nicht wissen, wie Sie hier erwartet werden.

Wallnau. Ich bin gestern und heute allein mit Ihrer Lage beschäftigt.

Mad. Lestang (lebhaft). Und ich mit der Ihrigen. (Mit zärtlicher Theilnahme) Sie haben wieder böse Stunden in Ihrem Hause gelebt; das muß ich von Fremden erfahren!

Wallnau. Es war nicht von so großer Bedeutung! Die gewöhnlichen Händel.

Mad. Lestang. Sie sind nicht der Mann, der seinen Kummer vergrößert und andern ihn fühlen läßt. Sie vergessen Sich, um für andere zu leben. Ach wie unterscheiden Sie Sich dadurch von —

Wallnau. Ich bin gekommen, ernstlich mit Lestang zu reden

Mad. Lestang (unmuthig) Ach darauf hoffe ich nicht mehr.

Wallnau. Wahrlich es kann so leicht geschehen. Wenn nur —

Mad. Lestang. Für zwei Tage vielleicht.

Wallnau. Für immer. Die Stadt mißversteht uns alle. Mancher üble Wille ist in Bewegung. Ich weiß, daß Sie das nur ahnen dürfen, um jede Empfindlichkeit zu unterdrücken. Von Lestang hoffe ich alles. Empfangen Sie ihn gut, wenn er aus meinen Armen zu Ihrem Herzen eilt.

Mad. Lestang. Ich trage meinen Kummer mit Anstand. Das werde ich stets. (Sie sieht ihn an) Wie dürfte ich mich ganz unglücklich glauben, da die Freundschaft mir so manches erleichtert?

Wallnau. Gewiß widme ich diesem Hause die innigste zärtlichste Freundschaft!

Mad. Lestang (ergreift seine Hand). Auch soll dieser seltne Freund mich stets auf der Linie der strengsten Pflicht finden!

Wallnau. Erhöhen Sie diese Gerechtigkeit durch den unwiderstehlichen Reiz freundlicher Nachsicht. Ihrer Liebenswürdigkeit, Ihrem trefflichen Herzen, das ich verehre, kostet es so wenig, jedes Glück zu vollenden, das wir noch vermissen.

Mad. Lestang (mit lebhafter Zärtlichkeit). Ach Wallnau — (Sie hält inne.)

Wallnau. Sie schweigen?

Mad. Lestang (gerührt). Sie vermissen also doch etwas! — Freudig bin ich davon überrascht. — Aus Dankbarkeit verspreche ich Ihnen — Sie werden ferner alles vermissen, was ich mir nicht gestatten darf; so werde ich Ihre zärtliche Achtung mir erhalten. — Ein Seufzer über das Loos, welches das Schicksal so ungleich unter uns beiden vertheilte — ist mir verstattet.

Wallnau (außer Fassung). Madam!

Mad. Lestang. Adieu! Von allem was ich noch zu sagen habe kein Wort mehr! (Sie reicht ihm die Hand) Ich bin zu sehr erschüttert — Ihre Freundschaft ist mir Ersatz — daß meine innigste Dankbarkeit Ihnen, unglücklicher Mann! Ersatz geben könne — so ist dieses verwaiste Herz für große Empfindungen nicht abgestorben. (Sie reißt sich mit zärtlichem Umgestüm von dieser Unterredung gewaltsam los) Adieu, Wallnau!

Wallnau. Sie liebt mich — sie liebt mich; es ist am Tage! Fort — ich muß nicht viel mehr daher kommen! Lestang — Freund meiner Jugend, Vertrauter meines Kummers, mein Freund, mein Trost! Dich soll ich meiden? Dich, — Du wirst mich verkennen, ich werde Dein Herz zerreißen und Du wirst nicht wissen, daß das meine verblutet. Sey es — Pflicht und Ehre gebieten; werde daraus was immer wolle — ich muß mich losreißen!

Neunter Auftritt.

Rath Wallnau. Archivar Lestang.

Archiv. Lestang. Sieh da! — Nun, Du kommst recht zur guten Stunde!

Wallnau. Das gebe Gott!

Archiv. Lestang. So oft ist es schon Deiner redlichen Theilnahme gelungen, den Unmuth meiner Frau zu verscheuchen.

Wallnau. Du hast es gewünscht — es war Dein entschiedener Wille —

Archiv. Lestang. Ja, es ist mir Trost, die guten Stunden, die ich nicht mehr erwerben kann, Dir zu verdanken.

Wallnau. Dieser unselige Zweifel an Dir selbst ist Deine Krankheit.

Archiv. Lestang (lächelt sanft). Meine Menschenkunde ist meine Krankheit — wenn ich denn doch krank seyn soll. — Doch wieder zur Sache. Kannst Du Dir denken, daß meine Frau sich einbildet ich sey in Julien verliebt?

Wallnau. Ich habe es gefürchtet, daß man das einmal glauben könnte. Wohlan — es ist an mir zu handeln; Julie muß aus Deinem Hause weg.

Archiv. Lestang (nach einer Pause). Nimmermehr!

Wallnau. Daß ich es jemals Dir habe zumuthen können, meine unglückliche Tochter, und mit ihr das Geheimniß, das Vaterliebe und die Feindseligkeit meiner Verwandten fordern, in Dein Haus aufzunehmen!

Archiv. Lestang. Dem Freunde ziemt wohl die Sorge für des Freundes Tochter.

Wallnau. Deine Gutheit hat mich verleitet den Antrag anzunehmen, der Dich so quält. Aber nicht länger sollst Du Dich aufopfern. Meine Tochter muß hier weg.

Archiv. Lestang. Und wohin?

Wallnau. Gleichviel!

Archiv. Lestang. Anderwärts kannst Du sie nicht sehen, ohne bei den Deinigen den Verdacht zu erregen, sie sey Deine Geliebte oder Deine Tochter

Wallnau. Es ist Zeit Dein Hausglück zu gründen. Ach zu lange habe ich geduldet, daß Deine Großmuth es mir aufgeopfert hat.

Archiv. Lestang. So willst Du alles zerstören, was ich für die Bildung Deines guten Kindes gethan habe?

Wallnau. Ich will Dich glücklich wissen.

Archiv. Lestang. Jahre lang hast Du jeden Herzenskummer ertragen, jede häusliche Plage von einer widerwärtigen Frau und ihren boshaften Eltern, bloß um der Hoffnung willen, das Vermögen Deiner Schwiegereltern Deiner Tochter einst zu verschaffen.

Wallnau. Sie sey glücklich ohne dieß Vermögen. Ich habe alles gethan, es ihr zu verschaffen. Ich kann nicht mehr. Ich muß mich jetzt öffentlich zu ihrem Vater bekennen.

Archiv. Lestang. In demselben Augenblick bist Du von Deiner Frau und ihren Eltern enterbt.

Wallnau. Sey es!

Archiv. Lestang. Nie werden sie Julien ihre Mutter verzeihen, und den Vater um eines leichtsinnigen Augenblicks willen hassen und verfolgen.

Wallnau Wie könnte ich alle Mühseligkeiten, die in meiner Lage diesem Augenblicke folgen, Dir aufbürden! Zu oft schon bist Du wegen dieses Kindes verkannt.

Archiv. Lestang (umarmt ihn). Dafür bin ich hier erkannt.

Wallnau. Deine Frau hat die nächsten Rechte, Dich in der Würde Deines Herzens ganz zu kennen.

Archiv. Lestang Die Freundschaft hat die ältesten Rechte auf mich — heilige Treue hat sie bewährt.

Wallnau. Argwohn ist ein Uebel, das nie abnimmt, es wächst mit jedem Tage.

Archiv. Lestang. Die Gleichheit und Offenheit meiner Handlungen kann in jeder Prüfung des Argwohns bewährt gefunden werden.

Wallnau. An diesem Geheimniß muß jede Prüfung umkehren — Du bist unglücklich, so lange zwischen Dir und Deiner Frau dieß Geheimniß steht.

Archiv. Lestang. Spricht denn bei meiner Frau nichts für mich und mein Herz, was das einzige Geheimniß eines treuen Mannes heiligen kann?

Wallnau. Julie bleibt hier! Aber entdecke Deiner Frau mein Verhältniß.

Archiv. Lestang. Ein Geheimniß besteht nicht unter dreien.

Wallnau. Aber —

Archiv. Lestang. Haben wir nicht beide uns deßhalb das heilige Wort gegeben, dieß Geheimniß niemand anzuvertrauen?

Wallnau. Ich entbinde Dich Deines Wortes.

Archiv. Lestang. Meine verklärte Karoline lebte mit mir, ohne Arges zu denken, sie entschlummerte ohne Enträthselung. Bin ich meiner zweiten Frau weniger? Darf sie durch übeln Muth von mir erzwingen, was Karoline nie verlangt hat!

Wallnau. Ach!

Archiv. Lestang. Und wird der Argwohn meiner Frau sich bloß dadurch verlieren, daß Julie künftig Wallnau's Tochter heißt?

Wallnau. Lieber Lestang —

Archiv. Lestang. Die Eifersucht der Liebe ist sanft, die Eifersucht meiner Frau ist bitter, wie alle Regungen des Ueberdrusses es sind. Es wird ihr vielleicht leid seyn, wenn sie den Schein verliert, der ihre Gleichgültigkeit gegen mich beschönigen kann.

Wallnau. Du bist sinnreich, Dich zu Grunde zu richten.

Archiv. Lestang. Liebe kann ich nicht verlangen. Mißtrauen verdiene ich nicht. Die Liebe soll mein Glück nicht machen, der Freundschaft war das vorbehalten; o laß mir doch den Trost, daß ich der Freundschaft ganz gelebt habe.

Wallnau. Höre auf, mit dieser grausamen Großmuth mein Herz zu zerreißen.

Archiv. Lestang. Das Werk der Freundschaft laß mich vollenden. Aber geh zu meiner Frau, verbürge Dich für mich — gib ihr Glauben an mein Herz.

Wallnau. O Gott!

Archiv. Lestang. Sie achtet Dich — Du kannst es. Flöße ihr Achtung ein für meine Ueberzeugung! dann ist das Glück meines Herzens wieder hergestellt — so gut es in unserer Lage seyn kann.

Wallnau. Lieber, guter Lestang, Du selbst mußt das bewirken. Es war nie gut und ziemt mir länger nicht, der Mittelsmann unter Euch zu seyn.

Archiv. Lestang. Warum?

Wallnau. Mein öfteres Daherkommen — mißfällt in meinem Hause.

Archiv. Lestang. Darum?

Wallnau. Es erzeugt die bittern Stunden zwischen mir und den Meinen. Ich muß mich nach und nach zurückziehen.

Archiv. Lestang. Wallnau!

Wallnau. Nie wird mein Herz sich von Dir trennen. Diese Erinnerung an die Zeit, wo kein Argwohn auf unsere Schritte lauschte und keine Bitterkeit die schönen Augenblicke der Freundschaft vergällte — soll mich trösten, wenn ich einsam wandle und Dein Bild mir vor der Seele schwebt. Mit einem Händedruck freuen wir uns dann manchmal der bessern Welt!

Archiv. Lestang. Es war bis jetzt Deine liebste, süßeste

Hoffnung, Deiner Tochter Dein Vermögen zu verschaffen. Für dieses Vateropfer hast Du der Seligkeit entsagt, Dich von ihr Vater nennen zu hören – diesen Plan hast Du eben aufgeben, dem Vermögen für Dein Kind entsagen wollen, Du hast sie von mir wegnehmen wollen, um mir Ruhe zu verschaffen. – Und nun willst Du nicht mehr kommen, mich nicht mehr sehen, um den Händeln zu entgehen, die durch Jahre Dir zur Gewohnheit geworden sind?

Wallnau. Es muß so seyn.

Archiv. Lestang. Freilich — Jammer zu Hause — Ernst und Unlaune hier! Ach – ich verarge es Dir nicht, daß Du wegbleiben willst — ich weiß nur nicht, wie ich es ertragen soll, Dich nicht mehr zu sehen.

Wallnau. Lestang — Du thust mir weh.

Archiv. Lestang. Bleibe nicht von mir weg — Ich will suchen mich zu ändern. Ich will wieder viel reden — wir wollen mehr unter die Menschen gehen — wir werden nach und nach wieder munter werden. Aber bleibe nicht weg von mir!

Wallnau. So wahr Gott ist — es kann mit meiner Pflicht nun länger nicht bestehen, daß ich hier lebe wie vorher.

Archiv Lestang (reibt die Stirne). Thue was Du mußt — ich trete zurück.

Wallnau. Dieß Wort, von dem — mit dem ich von der ersten Kindheit bis daher Arm in Arm gegangen bin!

Archiv. Lestang. Du willst es ja. Aber die Tochter laß mir. Ihre Dankbarkeit ist meinem Herzen wohlthuend, in ihren Zügen sehe ich Dein Bild, in ihrem Tone spricht die lange bekannte Stimme zu meinem Herzen, und für alles, was auf der Welt mir nicht gelungen ist — sehe ich dieß Werk der Freundschaft doch vollendet.

Wallnau (legt langsam die Hand in seine). Es kann so nicht bleiben.

Archiv. Lestang. Den Freund verlieren, und auch sogar sein Bild? das ist sehr hart! Du weinst? — Das Herz entscheidet ja so oft besser als der Verstand. — Laß keins von beiden jetzt entscheiden — besinne Dich bis morgen.

Wallnau. Ja.

Archiv. Lestang. Mußt Du morgen noch darauf bestehen — so ziehe sie hin. Mit ihr mein Trost in trüben Stunden. Auf Wiedersehen! (Reicht ihm die Hand.)

Wallnau. Auf Wiedersehen! (Er schüttelt seine Hand.) So viele Jahre sind wir zusammen gegangen.

Archiv. Lestang. Und doch kannst Du zuerst sagen — „nicht weiter, es ist genug!"

Wallnau. Großer Gott — wie sollen wir der Wehmuth Herr werden, welche die Erinnerung vergangener Zeiten über uns senden wird?

Archiv. Lestang. Siehst Du nun, daß ich Dich mehr liebe, als Du mich — denn ich werde Dich feiern mit dieser Wehmuth!

Wallnau. Leb wohl! (Sie fallen einander in die Arme, reißen sich los, und gehen zu verschiedenen Seiten ab.)

Dritter Aufzug.

Erster Auftritt.

Jakob kommt aus einer Seitenthür **Maring.**

Jakob. Wenn sie doch der — — — (Er geht zornig auf und ab.) Nein, das überlebe ich nicht. Es ist zu gottlos! Boshafte Kreatur!

Maring. Wer? (Er ist kurz zuvor eingetreten.)

Jakob. Henriette!

Maring. Eine niedliche kleine Bosheit.

Jakob. Sie muß fort.

Maring. Sie muß bleiben.

Jakob. So muß ich fort.

Maring. Das wäre mir wahrhaft leid. Aber da ich doch Jettchen lieber küsse, als den Meister Jakob, so —

Jakob. Ach — es ist mit Ihnen kein vernünftig Wort zu reden. (Er geht.)

Maring (hält ihn fest). Wer sagt Dir denn, daß Du vernünftige Worte sprechen kannst? Patron —

Jakob. Mein Herz, die Liebe für meinen armen Herrn.

Maring. Respekt davor. Ich höre —

Jakob. Da habe ich eben den Aufsatz, den Sie für die Madam haben kaufen müssen, der Madam hinüber gebracht.

Maring. Sehr verkehrt! Mein Vetter hätte ihn selbst bringen sollen.

Jakob. So? Der Schlag hätte ihn auf der Stelle rühren können, wenn er statt meiner da gestanden und alles mit angesehen und gehört hätte.

Maring. Nun —

Jakob. Die Madam sah den Aufsatz ganz freundlich an, und wollte ihn eben anprobiren. Da kam die Furie herein, die Jette — zischelte der Madam in die Ohren, gleich wird es Finsterniß auf den beiden Gesichtern. Die Jungfer drehte den Aufsatz verächtlich auf der Hand herum, zerrte und rupfte daran, meinte, der letzte Aufsatz, den der Herr Julien geschickt habe, sey viel hübscher gewesen. Nun wurde wieder gezischelt. Jette warf den Aufsatz auf das kleine Tischchen, die Madam sagte bitterböse: „Es ist gut, Er kann nur gehen!" und so verderben, verdrehen und verspotten sie alles, was mein guter Herr mit dem besten Herzen thut.

Maring (lebhaft). Jakob!

Jakob. Herr Maring —

Maring. Hier meine Hand — Du sollst Revanche haben.

Jakob. Nicht ich — aber mein Herr muß für dieß und für alles, womit er gequält wird, Revanche haben — oder — oder ich sterbe keines natürlichen Todes! (Die Thür geht auf.) Hm! da kommt der böse Geist! (Er geht ab.)

Zweiter Auftritt.

Madam Lestang. Maring.

Mad. Lestang. Die Herren haben Conferenz zusammen gehalten?

Maring. Die intimste. Wir sind ein paar Seelenfreunde, Meister Jakob und ich.

Mad. Lestang. Einer ist des andern werth.

Maring. Nun — das kann man in dieser bösen Welt nicht immer von zwei Leuten sagen, die neben einander stehen.

Mad. Lestang. Ihr geheimnißvolles Geschäft ist ja nun am Tage.

Maring. Und Sie sind recht vergnügt darüber, wie ich sehe.

Mad. Lestang. O ja.

Maring. Recht erkenntlich für die Aufmerksamkeit Ihres Mannes, und sehr zufrieden mit meinem Geschmack in der Auswahl!

Mad. Lestang. Sie errathen ja alles.

Maring. Sie werden den Aufsatz heute tragen?

Mad. Lestang. Vermuthlich nicht.

Maring (sieht sie eine Weile an) So? (Nach einer Pause.) Ja nun — so gratulire ich.

Mad. Lestang. Wozu?

Maring. Daß ich nicht die Ehre habe, Ihr Herr Gemahl zu seyn.

Mad. Lestang. O den Glückwunsch nehme ich an.

Maring. Wäre ich Ihr Mann, Sie müßten ihn heut tragen.

Mad. Lestang. Oder? —

Maring. Oder ich schickte ihn auf der Stelle einer Andern.

Mad. Lestang. Darüber würde ich mich zu fassen suchen.

Maring. Der ersten, der besten. Ich ginge mit ihr unter Ihrem Fenster vorbei.

Mad. Lestang. Das würde ich mit ansehen.

Maring. Darüber würde mir denn alle Lust und Liebe vergehen, Sie ferner anzusehen.

Mad. Lestang. Gleichfalls.

Maring. Wegen einer solchen Antwort würden Sie mir verächtlich geworden seyn —

Mad. Lestang. Herr Vetter —

Maring. Deßhalb würde ich je eher je lieber suchen, eine gleichgültige Frau los zu werden.

Mad. Lestang. Was unterstehen Sie Sich?

Maring. Ich sage nur was ich thun würde, wenn ich Ihr Gemahl und Ihr Herr wäre. Dieses Heil ist mir nicht beschieden, und als Ihr Vetter, der die Ehre hat Ihr Gast zu seyn, bin ich der wärmste Verehrer meiner schönen Cousine, an der ich nichts sehe, als — daß sie eine sehr hübsche Frau ist. Alles Uebrige ist vom Uebel und alles Uebel geht nur meinen Vetter an.

Mad. Lestang. Ich verstehe den Sinn Ihrer Posse, und daß Sie Lust haben, ihn auf meinen Mann überzutragen. Aber nehmen Sie Sich in Acht, der dritte fährt zu Zeiten sehr übel bei einer solchen Einmischung.

Maring. Der dritte fährt übel? Nicht allemal.

Mad. Lestang. Ernstlich gesprochen — Sie werden nicht erwarten, daß ich in dem Kinderspiel einer fassonnirten Attention den Ersatz finde für alles was ich vermisse!

Maring. Und was vermissen Sie?

Mad. Lestang. Einen zärtlich liebenden Mann.

Maring. Was nennen Sie einen zärtlich liebenden Mann?

Mad. Lestang. Mein Mann ist die vollständigste Beschreibung von dem, was er nicht ist.

Maring. Potztausend! Das war viel auf einmal.

Mad. Lestang. Ich bin es müde, die Lücken unserer Ehe mir vorwerfen zu lassen.

Maring. Will heißen — Sie finden es allmählich sehr schwer, diese Vorwürfe zu beantworten.

Mad. Lestang. Mein Mann ist nunmehr das allgemeine Gespräch geworden.

Maring. Um Ihrentwillen!

Mad. Lestang. Mein Herr!

Maring. Wer wird nicht hinsehen auf den Mann, der sich zu einer so schönen Frau gesellt hat —

Mad. Lestang. Das ist keine Antwort.

Maring. Die so viele Ansprüche zu machen hat —

Mad. Lestang. Die wenigstens der Liebe nicht unwürdig ist.

Maring. Die denn auch so viele Ansprüche macht als ihr möglich sind, und — auf keine Weise der Liebe aus dem Wege geht, die sie einflößen kann.

Mad. Lestang (heftig). Was ist das?

Maring. Eine Antwort. Wenigstens habe ich es dafür gehalten.

Mad. Lestang. Was kann ich auch von einem jungen Menschen erwarten, der vergessen kann — (Sie geht).

Maring (hält sie zurück). Wir sind beide ein paar junge Menschen. Auf meine Ehre, das ist das Beste an uns, und darauf wollen wir uns einbilden was wir können und wissen. Mein Vetter hat nicht die Ehre, noch ein junger Mensch zu seyn, das ist ein großer Fehler. Daß er aber das selbst sagt und glaubt, und deßhalb zurück tritt — das ist der unverzeihlichste Fehler; und wenn Sie Sich deßhalb über ihn lustig machen wollen, so finden Sie allemal an mir nach wie vor Ihren Mann.

Mad. Lestang. Wie wenig kennt man mein Herz! Wie ungefähr müssen meine Gefühle sich beurtheilen lassen!

Maring. Es ist wahr, Sie lieben nur Ihre eigene Jugend — andere Jugend verachten Sie. Zum Beispiel meine edle Jugend, aus der machen Sie Sich gar nichts.

Mad. Lestang. In der That —

Maring. Beste Cousine! Es bedarf keiner Bekräftigung; Ihre schöne Nasenspitze hat sie unwiderleglich gegeben. — Sie respektiren gesetzte Jahre — nur muß ein wenig Prätension und eine gewisse Oberherrschaft dabei seyn, die so aussieht wie genialische Kraft!

Mad. Lestang (mit Unwillen, fast mit Thränen). Nein, nein! Ich liebe ihn nicht —

Maring (fremd). Wen denn?

Mad. Lestang. Den Mann, den Sie meinen.

Maring. Ihren Mann meine ich.

Mad. Lestang. Das ist eine Lüge! Ich verstehe Sie, ich weiß, daß man gegen mich complottirt. Aber ich verachte Ränke und Verleumdung, und bin über alle die erhaben, die meine Geduld mißbrauchen und meinen Namen vernichten wollen.

Maring. Das sind Erzspitzbuben, und Sie haben ganz Recht, daß Sie über die in Wuth gerathen. Geschehe mir dieß und das — wenn ich Sie nicht von aller Sünde frei spreche.

Mad. Lestang. Das erwarte ich fest.

Maring. Nur ein bischen Erbsünde nüancirt Ihre Tugend. Ei — jeder Geselle, der so von außen in eine Haushaltung gafft, freut sich, wenn eine hübsche Erbsünde darin herum spaziert.

Mad. Lestang. Enden Sie — sagen Sie bestimmt, was Sie meinen.

Maring. Ich habe sagen wollen, mit ein wenig Schadenfreude sind Sie hoch behaftet.

Mad. Lestang. Ueber wen?

Maring. Ueber Juliens Liebhaber.

Mad. Lestang. Ueber meinen Mann?

Maring. Pah! Ein ganz anderer Herr.

Mad. Lestang. Wer ist das?

Maring. Ein sehr entschiedener, heftiger, zugleich sentimentaler und überaus heimlicher Herr! Ein Ehemann, ein Hausfreund — Herr Rath Wallnau —

Mad. Lestang (überrascht). Was — — (Gefaßt.) So bedaure ich seine Frau.

Maring. O ja. Und seine Freundin.

Mad. Lestang. Wen meinen Sie damit?

Maring. Julien! Ich bedaure sie, weil er eine Frau hat.

Mad. Lestang. Es kommt mir aber doch sehr unwahrscheinlich vor, daß Herr Wallnau —

Maring. So? Da — hier auf der Stelle hat er mich angepackt, hat mir verboten, mit Julien zu schäkern, und das mit einem Gesicht, mit ein paar Augen, mit einer Zudringlichkeit —

Mad. Lestang (in Gedanken). Wallnau —

Maring. Ich sage Ihnen, er handelt mit der ächten Liebhaber-Intoleranz, mit einer solchen Unart, daß wir uns — wer weiß — vielleicht deßhalb noch ein paar blanke Reprochen in freiem Felde machen.

Mad. Lestang. Mein Gott! Sie werden doch nicht — Maring —

Maring. Tausend Dank! Gott vergelte Ihnen die zärtliche Bekümmerniß um meine Lebenstage.

Mad. Lestang. Ich bin allerdings besorgt für Sie — und auch für Wallnau. Er ist unser Freund — er ist —

Maring. Unser Freund! Aber meiner nicht. Ich will ihn ärgern, das habe ich mir vorgenommen. Ich mache nun Julien unausgesetzt die Cour, ich will sie zum Besten haben, daß Wallnau vor Wuth rasend werden soll.

Mad. Lestang (schnell). Thun Sie das.

Maring. Auf der Stelle.

Mad. Lestang. So werden die Männer in Verlegenheit gesetzt —

Maring. Entlarvt! — Und wenn sie überwiesen sind —

Mad. Lestang. So soll ihnen mit der Verächtlichkeit begegnet werden, die sie verdienen.

Maring. Richtig. (Geht, kommt wieder.) Habe ich recht verstanden, — Sie wollen beiden Männern verächtlich begegnen?

Mad. Lestang (verlegen). Mein Mann —

Maring. Richtig; der ist der grand coupable: aber weßhalb wollen Sie Wallnau auch bestrafen? Der wird seiner Frau ausgeliefert, zum ewigen Galérien. Was geht der Sie an?

Mad. Lestang. Nichts. Aber seine Frau dauert mich — deßhalb würde ich es ihn fühlen lassen, was ich von ihm halte, wenn er mit dem Mädchen einen Liebeshandel anzufangen unwürdig genug war.

Maring. Scharmant! Welche Gesinnungen! Dafür küsse ich Ihnen beide Hände; erst eine nach der andern, dann beide auf einmal. Recht so — stehen Sie Schildwache für Madam Wallnau — ich passe auf für meinen Vetter. Wir wollen die Betrüger aus dem Busche auf das Freie heraus jagen, daß alle tugendsamen Seelen vor Wonne desperat werden sollen. (Er geht ab.)

Mad. Lestang. Was habe ich gemacht — wie habe ich diesen Menschen in meine kämpfenden Gefühle blicken lassen! Ach er hat mich vor einen Spiegel geführt, darin ich mein Bild noch niemals gesehen habe! (Sie setzt sich und stützt den Kopf.) Wie wird das enden?

Dritter Auftritt.

Archivar Lestang. Madam Lestang.

Archiv. Lestang. Die Ursache dieses ernsten Nachdenkens bin ich.

Mad. Lestang (steht auf). Zum Theil.

Archiv. Lestang. Dein Vater sagt mir davon.

Mad. Lestang. Und Du fühlst endlich etwas darüber?

Archiv. Lestang. Wie können meine redlichsten Empfindungen Werth für Dich haben, da Du mein Thun mißdeutest?

Mad. Lestang. Wollte Gott, hier wäre nur Mißverstand.

Archiv. Lestang. Wollte Gott!

Mad. Lestang. Deine Handlungen reden deutlich.

Archiv. Lestang. Wenn ich Dir noch verständlich wäre, so würde alles anders seyn.

Mad. Lestang. Also bin ich es, die gefehlt hat?

Archiv. Lestang. Jetzt fehlst Du. Früher habe ich gefehlt.

Mad. Lestang. Ich verstehe Dich nicht.

Archiv. Lestang. Leider!

Mad. Lestang. Aber Deine Leidenschaft für Julien verstehe ich nur zu gut.

Archiv. Lestang. Darüber wollen wir reden.

Mad. Lestang. Möge das zu meiner Ruhe führen können!

Archiv. Lestang. Ich betheure, ich schwöre Dir bei allem was heilig ist, bei allem was mir lieb war und ist, bei Deinem Werthe, bei der treuen reinen Liebe, die ich für Dich empfinde — bei meinem Worte als ehrlicher Mann, das Werth hat bei Freunden und Feinden, schwöre ich Dir, ich liebe Julien als eine gute Tochter, für deren Bildung ich alles gethan habe, was man für ein anvertrautes kostbares Pfand thun kann. Aber wahrlich diese Empfindung hat gar nichts mit der Zärtlichkeit gemein, die ich ohne Prunk, aber warm und redlich für Dich empfinde. Meine gute Friederike habe nun die Nachsicht und das Vertrauen, das unschädliche Geheimniß mit Julien nicht ergründen zu wollen — Was antwortest Du darauf?

Mad. Lestang. Der Wille mich zu beruhigen ist achtungswerth, und dafür danke ich Dir.

Archiv. Lestang. Und das ist alles, was Du mir sagen kannst?

Mad. Lestang. Du mußt besser wissen als ich, wie fern

mich die feinen Unterscheidungen beruhigen können, die Dich gänzlich sorglos verfahren lassen.

Archiv. Lestang. Ja wahrlich ganz sorglos, und ich denke, das müßte mir Deine Achtung erwerben.

Mad. Lestang. Wenn Du nur auf meine Achtung Anspruch machst, die ist nie verringert gewesen.

Archiv. Lestang. Es war eine zu große Forderung von mir, Deine ganze Liebe zu wünschen. Verzeihe mir den Fehler, weil ich bereit bin, ihn auf jede Art gut zu machen.

Mad. Lestang. Ich bin fest entschlossen, Spott in der Einkleidung von Gefühl nicht mehr zu beantworten.

Archiv. Lestang. Mein Gott! Ist es so weit gekommen —

Mad. Lestang. Es ist Dein Werk.

Archiv. Lestang. Wohin können wir denn noch gerathen?

Mad. Lestang. Wohin Du führen wirst.

Archiv. Lestang. Ich bin mit so vieler Herzlichkeit hierher gekommen —

Mad. Lestang. Die Sprache ist mir sonst nicht fremd; aber ich höre sie nicht.

Archiv. Lestang. So sage mir denn kalt und ruhig, wie Du zu einem Handwerker reden würdest, bei dem Du eine Arbeit bestellen wolltest — was soll ich thun, um Dich zufrieden mit mir zu machen? Ich will alles, was ich nur kann.

Mad. Lestang. Ich schreibe keine Gesetze vor. Wer eine Frau liebt, weiß was er ihr schuldig ist.

Archiv. Lestang. Es ist möglich — und ich mache mir Vorwürfe darüber, daß meine Unterhaltung trocken ist —

Mad. Lestang. Wenn Du mit Männern von Wissenschaft in Gesellschaft bist, ist sie es nicht.

Archiv. Lestang. Ich will mich bemühen, fröhlicher zu werden.

Mad. Lestang. Du wirst sehr dabei gewinnen.

Archiv. Lestang. Es wird mir gelingen, wenn ich bedenke, daß Du Vergnügen daran haben kannst. Wir wollen unsere alten Cirkel wieder aufsuchen.

Mad. Lestang. Wenn es Dir Bedürfniß ist.

Archiv. Lestang. Im Sommer wollen wir eine Reise nach der Schweiz machen.

Mad. Lestang. Die Bewegung wird Dir nützlich seyn.

Archiv. Lestang. Meine alten Klagen und was an Last und Unannehmlichkeiten sich einfindet, will ich zu vergessen suchen.

Mad. Lestang. Klagen machen nichts ungeschehen — so wie die unvermeidlichen Unannehmlichkeiten des Lebens sich nicht dadurch vermindern, daß man sie unaufhörlich vor Augen hat.

Archiv. Lestang (reicht ihr die Hand). Du hast Recht, und ich danke Dir für die Theilnahme an meiner Lage. Wo ist eine Last, die Du mir nicht erleichtern könntest. Ich darf Dir das aber nicht zumuthen. Der Neckereien, die an mir nagen, sind zu viele. Ich will mich bemühen, sie leichter zu tragen.

Mad. Lestang. Das gebe der Himmel.

Archiv. Lestang. Da meine Arbeiten einen großen Theil meiner Zeit wegnehmen, so verstattest Du mir wohl, daß ich Dich manchmal damit bekannt machen darf.

Mad. Lestang. Wenn Dich das interessirt, und ich es verstehe —

Archiv. Lestang. Dadurch kommt mehr Gemeinschaftlichkeit in unser Leben, denke ich.

Mad. Lestang. O ja.

Archiv. Lestang. Wir sind weniger entfernt —

Mad. Lestang. Allerdings.

Archiv. Lestang. Die Spannung verliert sich, die so nach und nach entstanden ist. Nicht wahr, die ist Dir auch leid?

Mad. Lestang. Ich wüßte wahrlich nicht, was ich dabei gewinnen könnte.

Archiv. Lestang. Wenn Du dann doch die Güte haben wolltest, durch einige Nachsicht, hier und da durch einen freundlichen Blick meinen alten Onkel weniger ängstlich zu machen.

Mad. Lestang. Das kann ich nicht.

Archiv. Lestang. Er ist meiner Mutter Bruder.

Mad. Lestang. Er ist mir unerträglich, unleidlich, durchaus zuwider!

Archiv. Lestang. Er ist schon alt — wie lange kann es mit ihm dauern! Erfülle meine herzliche Bitte!

Mad. Lestang. Wenn wir beide einen frohen Augenblick leben sollen, so entferne diesen unangenehmen Aufpasser, der so —

Archiv. Lestang. Was thun wir beide, das er nicht sehen, und mit seiner gutmüthigen Aengstlichkeit erforschen dürfte?

Mad. Lestang. Nein, nein! gib ihm was Du willst, so viel Du willst, aber außer dem Hause.

Archiv. Lestang. Meine Pflege, meine Liebe, habe ich seiner sterbenden Schwester, meiner ehrlichen Mutter, zugesagt, und daß wir unter Einem Dache leben wollten!

Mad. Lestang. Du hast für jede Zusage Gedächtniß, nur nicht für die, welche Du mir gethan hast. Ich habe fordern sollen, was zu meiner Ruhe unentbehrlich ist, ich habe es nicht gethan. Ich habe von Dir erwartet, daß Dein Herz es mir gewähren würde. Aber das hat kein Gehör für mich und meine Lage. Das bietet mir Spielwerk an, und will sich dafür das Spielwerk erhalten, worüber ich seufze. Wohl, so erkläre ich mich — entweder zieht der Onkel und Julie fort — oder wir setzen eine Lebensweise fest, wobei Du ohne Zwang Deinen Neigungen folgen kannst.

Archiv. Lestang. Die beiden unschuldigen Leute fortschicken — so wahr Gott lebt — das kann ich nicht.

Mad. Lestang. Dann habe ich nichts mehr zu sagen. (Sie geht.)

Archiv. Lestang. Friederike! (Er ergreift ihre Hand.) Bist Du meiner überdrüssig?

Mad. Lestang. Nein!

Archiv. Lestang. Ist es der letzte schwache Faden Deiner ehemaligen Zuneigung, der Dich noch an mich heftet — so sey so redlich es zu bekennen. Um Deinetwillen — daß nicht die Zudringlichkeit eines Herzens, das nun einmal für Dich keinen Werth mehr hat, Dich um Deine Jugend bestehle, und um das Gefühl der Liebe, das Du mir aufgeopfert hast —

Mad. Lestang. August!

Archiv. Lestang (ohne auf sie zu hören) Kümmere Dich nicht um mich, noch wie ich enden werde. Die zwei besten Theile meines Lebens sind vorüber — der arme Rest wird im Stillen verlöschen, und bald — denke an Dich und antworte auf meine Frage!

Mad. Lestang (in äußerster Heftigkeit). Einen Augenblick überlaß mich mir selbst. (Sie stürzt von ihm weg.)

Archiv. Lestang (steht sprachlos da, erschüttert). Sie hat geantwortet.

Vierter Auftritt.

Archivar Lestang. Hofjunker von Trüben.

v. Trüben. So habe ich doch das Vergnügen, Sie endlich einmal zu sehen.

Archiv. Lestang (verbeugt sich).

v. Trüben. Ein wahrer Freund läßt sich von der entschiedensten Verschlossenheit nicht zurück schrecken.

Archiv. Lestang. Hm!

v. Trüben. Nicht alle sind unsere Freunde, die sich dafür ausgeben.

Archiv. Lestang. Das ist was ganz Neues.

v. Trüben. Ich habe gar nicht den Anschein, als ob ich Ihr Freund wäre.

Archiv. Lestang (drückt ihm die Hand).

v. Trüben. Ich bin oft bei Ihrer Frau allein —

Archiv. Lestang. Beunruhigt mich nicht.

v. Trüben. Ich stelle manche kleine Verfolgung gegen Sie an —

Archiv. Lestang. Klein? — Ja.

v. Trüben. Ich begehe hundert kleine Neckereien —

Archiv. Lestang. Kommt von der Pagenzeit.

v. Trüben. Alles um Ihnen einen freundschaftlichen Sporn zu geben. Wahrhaftig, ich bin Ihr wahrer Freund.

Archiv. Lestang (verbeugt sich).

v. Trüben. Nicht wahr, Sie halten mich dafür — erzeigen Sie mir das Vergnügen, mir diese Erklärung zu geben.

Fünfter Auftritt.

Vorige. Seeland.

Seeland (grüßt den Hofjunker kalt). Lieber Lestang, der Justizrath Aring ist gestorben. Sie müssen Sich um diese Stelle gleich bewerben. Es kann Ihnen nicht fehlen, daß Sie sie erhalten.

Archiv. Lestang. Hm! Wozu das noch —

Seeland. Man ist Ihnen Erkenntlichkeit schuldig. Wenn Sie das gehörig geltend machen, so kommen Sie durch die Stelle in einen angenehmen Wirkungskreis, Ihre jetzige trockne zu anhaltende Arbeit hört auf, und das wird für Ihr frohes Leben viel entscheiden.

v. Trüben. Allerdings. Mit dem besten Herzen biete ich meinen Einfluß auf meinen Onkel, den Herrn Minister, dazu an.

Archiv. Lestang (in Gedanken). Es mag kommen wie es will.

v. Trüben (leise zu Seeland) Gemüthskrankheit.

Seeland (sieht beide eine kleine Weile an). Sie haben viel Arbeit, lieber Lestang. — Ohne Umstände — gehen Sie an Ihre Arbeit. Ich will den Herrn Hofjunker unterhalten.

Archiv. Lestang (will dem Hofjunker etwas sagen, hält inne — verneigt sich, und sagt zu Herrn Seeland): Lassen Sie Sich doch vom Herrn Hofjunker erzählen, wie er mir die Sporn gibt.

Seeland (sieht den Hofjunker an). Was ist das?

Archiv. Lestang. Der Herr beweist mir durch den Anschein von Feindschaft, wie sehr er mein Freund ist. (Er geht ab.)

Sechster Auftritt.

Herr Seeland. Hofjunker von Trüben.

v. Trüben. Auf meine Ehre, der Mann ist nicht mehr zu erkennen.

Seeland. Sie interessiren Sich für ihn?

v. Trüben. Unglaublich.

Seeland. Einsamkeit ist für ihn die beste Kur. Ueberlassen Sie ihn derselben gänzlich. Wollen Sie dann die Güte haben, nach etwa sechs Jahren einmal wieder vorzufahren, zu fragen, wie er sich befindet: so werden Sie gewahr werden, daß alles gut steht.

v. Trüben. Nach sechs Jahren, wie soll ich das nehmen?

Seeland. Buchstäblich.

v. Trüben. Sie werden mir erlauben, daß ich darüber erst andere Leute hier im Hause zu Rathe ziehe.

Seeland. Wer sind die?

v. Trüben. Leute, die meine Gesinnungen kennen, und bei denen ich die Anfälle von Unart und Verdrießlichkeit nicht zu fürchten habe, die ich wegen Ihrer Jahre ignorire und mit der Gewohnheit unter Rosinen- und Tabakshändlern zu leben, excusiren will.

(Er geht nach dem Zimmer der Madam Lestang.)

Seeland (vertritt ihm den Weg). Wohin?

v. Trüben. Zu Madam Lestang.

Seeland. Nein, da gehen Sie nicht hin!

v. Trüben. Was?

Seeland. Ich habe meinen Anfall von Verdrießlichkeit. Damit er nicht Unart werde, ersuche ich Sie — gehen Sie mir aus dem Wege.

v. Trüben. Wissen Sie, wer ich bin?

Seeland. Weil ich es weiß, verrenne ich Ihnen den Paß.

v. Trüben. Wissen Sie, wer mein Herr Onkel ist?

Seeland. Ihr Herr Onkel weiß nicht, wer Sie sind.

v. Trüben (drohend). Ich gehe!

Seeland. Das ist die Hauptsache.

v. Trüben. Aber ich werde wieder kommen und dann —

Seeland. So werde ich eine Weile hier Portiersdienste thun müssen, und ich stehe meinen Mann.

v. Trüben. Da glaubt nun Ihre Brutalität einen Hauptcoup gewonnen zu haben? Ich werde nicht unartig seyn — aber der Herr Philister wird doch auf dem Boden liegen, ehe er es vermeint. Ich verspreche Ihnen, daß Sie doucement aneantirt werden. (Er geht ab.)

Siebenter Auftritt.

Herr Seeland. Madam Lestang.

Mad. Lestang. Was gibt es hier?

Seeland. Ich habe Deine Stelle vertreten.

Mad. Lestang. Der Hofjunker war hier —

Seeland. Und ich habe ihn gebeten, daß er hier nicht mehr Dienste thun möge.

Mad. Lestang. Er ist mir gleichgültig, aber nicht das Aufsehen, das Sie machen. Ich muß es durchaus mißbilligen, was hier geschehen seyn mag.

Seeland. Des großen Unheils, das ich angestellt habe! Er

wird Dir keine Orange mehr schälen, aber auch keine Bitterkeit mehr in die Seele gießen.

Mad. Lestang. Der Mann will mich täuschen wie ein Kind, der Vater gängelt mich wie ein Kind. Das darf ich nicht dulden.

Seeland. Schäme Dich der Ausflüchte! Den Vater hast Du abgewiesen, er kann nichts mehr für Dich thun, aber Lestangs Freund — läßt sich nicht abweisen. Kann ich Lestang nicht mehr glücklich machen — so soll doch seine Ehre vor der Welt gerettet werden! (Er geht.) Darauf verlaß Dich.

Mad. Lestang. Und meine Ehre aufgeopfert? Mit Gewalt zernichten sie jedes Opfer, das ich meiner Pflicht bringen will. Mit Gewalt reißen sie mich fort in eine Bahn, gegen die ich mich sträube! Wie ein muthwilliges Kind behandeln sie mich. Nein, nimmer dulde ich das!

Achter Auftritt.

Madam Lestang. Julie.

Julie. Ach liebe Madam Lestang — (Sie geht mit offnen Armen auf sie zu)

Mad. Lestang (tritt zurück). Was gibts? Was suchen Sie bei mir?

Julie. Eigentlich wohl Sie selbst.

Mad. Lestang. Ohne Eingang, wenn ich bitten darf — Was wollen Sie?

Julie. Lieber Himmel — wie schrecken Sie mich zurück!

Mad. Lestang. Es ist ein Wunder, daß Sie es fühlen.

Julie. Dasmal bin ich recht mit Vertrauen zu Ihnen gekommen — aber nun weiß ich kein Wort mehr vorzubringen. So geht es mir immer, wenn ich bei Ihnen bin, deßhalb komme ich auch so selten als möglich.

Mad. Lestang. Und was verschafft mir jetzt das Vergnügen?

Julie. Ach — es ist kein Vergnügen. Ich komme von Herrn Lestang —

Mad. Lestang. Sehr vermuthlich!

Julie. Er sieht so betrübt aus, antwortet auch dem Jakob nicht, sieht starr auf den Boden — bewegt seine Augen nicht, aber die Thränen rollen immer herunter; der Mund ist ein wenig verzogen, als wenn er lächeln wollte, aber das ist es doch nicht. Nur zu Zeiten ruft er — Friederike — und wieder mit einem recht fürchterlichen Tone — Friederike!

Mad. Lestang (geht hastig nach der Thür, dort bleibt sie stehen, und geht langsam wieder herunter).

Julie. Sie kommen wieder —

Mad. Lestang. Ich komme wieder.

Julie. Aber er ruft Sie ja doch! — Nun, das begreife ich nicht. Wie können Sie den armen Mann allein lassen?

Mad. Lestang. Wenn er Ihren Trost ausgeschlagen hat.

Julie. Ach was bin ich denn gegen Sie!

Mad. Lestang. Davon ist die Rede.

Julie. Ein armes fremdes Mädchen, die ihre Dankbarkeit an den Tag legt so gut sie kann. Aber Sie sind seine Frau.

Mad. Lestang. Deßhalb eben —

Julie. Ein freundlicher Ton von Ihnen würde ihn aufwecken. Er würde mit Ihnen reden, er würde Ihnen klagen, was ihm fehlt, Sie würden ihn in Ihre Arme schließen, und es müßte ihm doch besser werden, wenn sie seine Thränen trocknen wollten.

Mad. Lestang. Sonst war es so —

Julie. Es kommt mir auch so vor, als wenn es sonst freundlicher unter Ihnen zugegangen wäre.

Mad. Lestang. Gott vergebe es denen, die Schuld sind, daß es anders geworden ist.

Julie. Aber wie kann denn etwas nicht gut unter Ihnen seyn, weun Sie beide es nicht haben wollen? Sie dürfen Sich ja nur die Hände geben, wer will Sie auseinander reißen?

Mad. Lestang. Die Leidenschaft!

Julie. Ach!

Mad. Lestang. Sie seufzen?

Julie. Ja, über die Leidenschaft.

Mad. Lestang. Seyn Sie offen.

Julie. Der Hofjunker hat auch mit mir davon gesprochen.

Mad. Lestang. Ganz recht, Kind, ich will Sie retten — entdecken Sie Sich mir.

Julie. Herr Lestang weiß es recht gut.

Mad. Lestang. Daran zweifle ich nicht.

Julie. Er ist nicht böse darüber geworden. — Ach — nehmen Sie es nicht übel, wenn ich gern davon abbreche. Es ist ein langer Umstand — und vor Ihnen — habe ich nicht das Herz.

Mad. Lestang. Unglückliches Geschöpf — so ist es denn wahr! Nur zu lange habe ich es gesehen!

Julie. Haben Sie es gemerkt — ach mein Gott! und ich habe es doch so heimlich gehalten.

Mad. Lestang. Mir aus den Augen — es ist gegen meine Ehre mit Ihnen zu reden.

Julie. Das habe ich ja Herrn Lestang wohl gesagt.

Mad. Lestang. Was?

Julie. Daß Sie mir übel begegnen würden, wenn Sie es merkten.

Mad. Leſtang. Iſt es möglich, ſeine Seelenkräfte aufzuopfern in der unſinnigen Liebe für ein ſo gemeines Geſchöpf!

Julie. Ein gemeines Geſchöpf? Das bin ich nicht. Ich weiß nicht wie ich eigentlich heiße, aber ich fühle was ich bin. Ich kann meine Augen aufſchlagen und jedermann ins Angeſicht ſehen. Ja ja — dem böſen Blick, den Sie auf mich werfen, kann ich getroſt entgegen ſehn, und das iſt beſſer, als wenn ich auch ſo ein zorniges Geſicht machen könnte.

Mad. Leſtang. Unſinnige!

Julie. Es kann kommen, daß ich es werde. Sie kränken mein Herz, Sie mißhandeln meine Ehre. Und warum bin ich weniger werth als Sie? Ach ich würde nicht einen guten Mann verzweifeln laſſen, wie Sie es können. Aber Ihre feine Bildung läßt das alles zu, und geſtattet Ihnen, einem armen Mädchen ſchlecht zu begegnen. (Wallnau tritt ein.) Bloß weil ſie keinen Vater hat, der ſich ihrer annimmt. O Vater! Vater! Wenn Du es wüßteſt, wie der Uebermuth hier mit mir umgeht, Du würdeſt mich zu Deiner Magd machen, wenn ich nicht an Deinem Herzen liegen darf. Gott vergebe Ihnen — Adieu — ich will hinaus in die Welt! (Sie geht. An der Thür reißt Wallnau ſie in die Arme, und küßt ſie.)

Julie (macht ſich los ohne ihn zu betrachten). Laſſen Sie mich!

Neunter Auftritt.

Rath Wallnau. Madam Lestang.

Mad. Lestang. Was war das?

Wallnau (unwillig). Sie müssen ihr hart begegnet seyn — mag doch ein Händedruck der Theilnahme eines ehrlichen Mannes ihre Last ihr tragen helfen.

Mad. Lestang. Diese Theilnahme war sehr entschieden.

Wallnau (lebhaft). Wie Ihre Härte.

Mad. Lestang. War ich hart, so habe ich Ursache dazu.

Wallnau (fest un schnell). Darüber streite ich jetzt nicht. Hadern Sie nicht über das Gefühl der Menschlichkeit in mir.

Mad. Lestang. So wenig, wie über Ihre glühende Zärtlichkeit! (Bitter.) Haha! Wie man doch getäuscht werden kann. Aber ohne Zwang — lieben Sie, wo es Ihnen gut dünkt.

Wallnau. Wenn ich Tadel verdiene, so erwarte ich ihn wenigstens hier nicht.

Mad. Lestang (gefaßt und höflich, doch sieht man, was es ihr kostet, diese Fassung anzunehmen). Sie haben Recht, der Freundin kann der strenge Blick nicht zukommen, den ein Mann von Gefühl nur der Geliebten verzeihen würde. Wenn Sie also Julien so liebenswürdig finden — so —

Wallnau. Sehr liebenswürdig, ohne verliebt in sie zu seyn. So wie ich jetzt überhaupt ganz frei von jeder Leidenschaft bin; durchaus frei.

Mad. Lestang. Durchaus frei? — Nun — dann sind Sie doch von Einer Seite sehr glücklich, Herr Wallnau.

Wallnau. Ich empfinde es.

Mad. Lestang. Ohne also Ihren feinen Scherz mit Julien

künftig im mindesten beschränken zu wollen, habe ich nur zu bitten, daß Sie mir die Höflichkeit erweisen wollen, in meiner Gegenwart sich etwas zu beachten.

Wallnau (höflich). Seyn Sie außer Sorgen.

Mad. Lestang. Wenigstens vernichten Sie nicht wieder durch Ihre zwanglosen Liebkosungen das Ansehen der Frau vom Hause, das ich gegen dieß armselige Geschöpf zu behaupten habe.

Wallnau. Ich stimme nicht in diesen Ton gegen Julien.

Mad. Lestang. Das begreife ich.

Wallnau. Sie wissen, daß ich es nie gethan habe.

Mad. Lestang. Und ich konnte das ehren, was ich nun verachten muß!

Wallnau. Diese Unterredung ist Ihrer unwürdig — ich gehe.

Mad. Lestang (heftig). Wallnau!

Wallnau (kommt zurück).

Mad. Lestang (geht heftig auf und ab).

Wallnau (nach einer Pause). Ich erwarte Ihren Willen

Mad. Lestang (unmuthig). So können wir nicht auseinander gehen.

Wallnau (seufzt tief und sieht nieder).

Mad. Lestang (sanft). Seyn Sie doch ehrlich gegen mich.

Wallnau (die Hand auf der Brust). Bei Gott — das war ich immer.

Mad. Lestang (gerührt). Ich glaube Ihnen. (Sie tritt rasch auf ihn zu) Also war das verabredet?

Wallnau. Was?

Mad. Lestang. Alles was ich jetzt habe erfahren müssen.

Wallnau. Durchaus nicht.

Mad. Lestang. Sie sind der unwürdigste gemeinste

Betrüger — oder der edelste Freund, der sich beispiellos aufopfert.

Wallnau. Auf eine und die andere Art thun Sie mir zu viel.

Mad. Lestang. Nein, nein! der feste rasche entschlossene Wallnau ist kein Heuchler. Schwächliche Gutheit ist — anderwärts. Kräftige männliche Gutheit ist hier. Aufopferung, Gewaltthätigkeit gegen sich selbst, um treu dem Freunde zu dienen, Hinopferung seines bessern Gefühls um — — — O, wie konnte ich das verkennen? Meine Empfindlichkeit hat mich überrascht — verzeihen Sie dieser Empfindlichkeit um der großen Empfindung willen, von der sie ausgegangen ist — was habe ich gesagt? (Sie bedeckt das Gesicht) Wallnau! Ich bitte um des Himmels willen — jetzt reden Sie — wie meine Sache nun steht, kann sie nicht bleiben! (Sie wirft sich in ei: en Stuhl.)

Wallnau. Ich will reden. Meine Pflicht gebeut — ich will sie üben und wenn ich darüber —

Zehnter Auftritt.

Vorige. Friedrich Maring.

Maring. Nein in das Haus hat der böse Feind ein ganzes Geschwader seiner Engel gesendet, die darin rumoren. Da ist –

Mad. Lestang (steht unmuthig auf) Was wollen Sie hier?

Maring (stutzt). Aus der Art Ihrer Frage sehe ich, daß ich zur rechten Zeit gekommen bin.

Wallnau (zutraulich). Dießmal nicht, Herr Maring!

Maring. Ihnen komme ich vielleicht am ungelegensten? Thut nichts. Desto gelegener für meinen Vetter.

Wallnau (mit aufgehobenem Zeigefinger). Herr Maring —

Maring. Ein aufgehobener Finger oder ein aufgehobener Stock — die Dinge taxire ich gleich — so viel zur Nachricht.

Mad. Lestang. Treiben Sie die Zudringlichkeit nicht zu weit —

Maring. Richten Sie die Rede wo anders hin, so küsse ich Ihnen die Füße.

Wallnau. Herr Maring — ich habe lange Geduld —

Maring. Ich habe Sie noch nicht darum gebeten.

Mad. Lestang. Gehen Sie aus diesem Zimmer —

Maring (mit zurückgehaltener Heftigkeit, indem er sich verneigt). Es schickt sich nicht, daß ich Sie ersuche — (zu Wallnau) aber wir könnten ja wohl ein bischen spazieren gehen. Nicht wahr?

Mad. Lestang. Durchaus nicht. Ich bestehe darauf, daß Sie beide hier bleiben. Ich verlange es.

Maring (zu Wallnau). Bedenken Sie Sich — denn ich bin nur die Zugabe.

Wallnau. Herr Maring, Ihr Gefühl mag respectabel seyn —

Maring. Es kommt mir auch so vor —

Wallnau. Aber Sie können falsch seyn —

Maring. Nein!

Wallnau. Und dann beleidigen Sie ohne Zweck und Wirkung!

Maring. Aus meinem frohen Sinn muß man mich heraus werfen. Freiwillig verlasse ich ihn nicht; habe ich ihn aber verlassen müssen, so ist mein Ernst ein böser Rausch.

Mad. Lestang. Ich verbitte, daß Sie ihn hier austoben.

Maring. Wo sonst soll ich los werden, was in mir kocht?

Bei meines Vetters Thränen etwa, oder bei dem armen Dinge, der Julie, die der Eine beschützt und wie ein Bacchant am Kopfe nimmt und küßt, wenn sie vorher von andern ausgehunzt ist wie eine Dirne!

Wallnau. Wir werden uns erklären.

Maring. Und das kurz und gut. Aber was erklären Sie meinem Vetter? Sie und Sie? Bei meiner Seele, der arme Vetter ist so fein und sentimental gemordet — als wenn man ihn mit einem Beil auf der Landstraße vor den Kopf schlüge — nur ein bischen langsamer.

Wallnau (ernst). Nun ist es genug.

Maring (schlägt sich vor den Kopf). Sie haben Recht! (Er zieht den Handschuh aus)

Mad. Lestang (indem sie sich vor Unwillen bei Seite wendet). Unerhört.

Maring (wirft, indem sie sich wegwendet, zornig seinen Handschuh vor Wallnau's Füße, deutet darauf und geht rasch zu Madam Lestang, der er ganz freundlich, doch ohne Hohn sagt). Verzeihen Sie, daß ich beschwerlich geworden bin.

Wallnau (hebt unterdeß den Handschuh auf und steckt ihn ein).

Maring (tritt zurück und sieht nach der Stelle, wohin er den Handschuh geworfen hatte, da er ihn aufgenommen bemerkt, macht er unbemerkt dem Rath Wallnau ein kurzes Zeichen der Höflichkeit). Ach! (Indem wendet er sich zu Madam Lestang.) Fahren Sie nun in Gottes Namen fort, wo Sie stehen geblieben sind (Er verbeugt sich gegen beide mit Anstand, aber kurz, und geht.)

Eilfter Auftritt.

Madam Lestang. Rath Wallnau.

Wallnau (entschlossen). Ja ich muß fortfahren. — Zuerst also — Ich werde Julien aus dem Hause schaffen.

Mad. Lestang (erstaunt). So? Sie verkennen sie. Wissen Sie auch, daß sie mir ihre Liebe für meinen Mann gestanden hat?

Wallnau. Unerwartet! desto eher muß sie fort.

Mad. Lestang. Aber wie begreife ich —

Wallnau. Wir alle werden uns eine Zeit lang wenig oder gar nicht sehen, bis einer meiner dringendsten Wünsche erfüllt wird. — Dann werden wir alle zufrieden und glücklich seyn.

Mad. Lestang. Nennen Sie diesen Wunsch!

Wallnau. Wenn ich die Justizraths-Stelle des verstorbenen Aring erhalte. Ich weiß keinen Mitwerber und reüssire vielleicht —

Mad. Lestang (schnell). Der Minister von Trüben hat hierüber zu entscheiden — der Hofjunker — ich will alles anwenden —

Wallnau. Bei dieser Stelle kann ich ein kleines eigenes Vermögen ersparen, was bis jetzt unmöglich war. Mit der Gewißheit, ein paar tausend Thaler ersparen zu können, fällt jedes Dunkel, das uns jetzt quält.

Mad. Lestang. Ich habe keinen ruhigen Augenblick, bis Sie im Besitz dieser Stelle sind. Herr von Leroy vermag alles über den Minister — Mein Mann steht gut mit Herrn von Leroy — Sie müssen, Sie müssen diese Stelle erhalten.

Wallnau. Gott gebe es. Aber thun Sie nichts dafür.

Mad. Lestang. Und dann, wenn sie im Besitze dieser Stelle sind — wären wir glücklich.

Wallnau. Ich hoffe es.

Mad. Lestang. Alle?

Wallnau. Wenn jeder von uns sein Glück kennt — Alle! — Ach von uns ist keiner glücklich, wenn wir es nicht alle sind; (er geht) diese Empfindung verläßt mich nicht, und Sie theilen sie mit mir! (Er geht ab.)

Mad. Lestang. Edler, trefflicher Mann, für dich fühlen, heißt für die Tugend fühlen. Ich will ihm schreiben, ich —

Zwölfter Auftritt.

Onkel Lestang tritt ein.

O. Lestang. Ich habe nur sagen wollen, daß der Papa weggegangen ist.

Mad. Lestang (im Gehen). Wer ist bei meinem Manne?

O. Lestang. Er ist ausgegangen.

Mad. Lestang (bleibt betroffen stehen).

O. Lestang. Ganz allein. Jakob meint, er habe lange auf Sie gewartet —

Mad. Lestang (sieht an den Boden).

O. Lestang. Jakob glaubt, er habe auf eine Antwort von Ihnen gewartet —

Mad. Lestang (hält die Hände vor das Gesicht). Mein Gott —

O. Lestang. Sie werden es vergessen haben —

Mad. Lestang (innig beschämt). Nicht vergessen — aber — — —

O. Lestang. Nun das hat ja noch immer Zeit.

Mad. Lestang (sehr unruhig). Ach nein.

O. Lestang. Ich will Acht geben, wenn er wieder kommt —

Mad. Lestang. Thun Sie das —

O. Lestang. Und es Ihnen dann gleich sagen. (Er geht.)

Mad. Lestang (im Nachsinnen und Unruhe). Herr Onkel!

O. Lestang (läuft zu ihr). Was befehlen Sie?

Mad. Lestang. Herr Onkel! Ich bitte Sie freundschaftlich um eine Gefälligkeit —

O. Lestang. Ach Gott — so bin ich ja ein glücklicher Mann. Soll ich was holen, wohin gehen — kann ich —

Mad. Lestang. Sagen Sie meinem Manne — ich wäre an seinem Zimmer gewesen, ehe er weggegangen wäre — Sie hätten ihn zu erschüttert geglaubt — Sie hätten mich gebeten, nicht hinein zu gehen, und deßhalb wäre ich wieder umgekehrt!

O. Lestang (ängstlich). Ach Gott! — Liebe Frau Nièce — das — kann ich nicht.

Mad. Lestang (erstaunt). Nicht!

O. Lestang. Werden Sie nicht böse — ich bin mit dem Fehler behaftet, zu viel Wahrheit zu sagen: aber was nicht wahr ist — das habe ich mich mein Lebelang nicht unterstanden zu sagen.

Mad. Lestang (nach einer kleinen Pause, mit Gefühl). Sie haben Recht.

O. Lestang. Darum bin ich ja in der Welt zu nichts gekommen.

Mad. Lestang. Nun — es hat nichts auf sich — gehen Sie nur wieder.

O. Lestang. Sie werden aber sehr böse seyn.

Mad. Lestang (mit Güte). Nein.

O. Lestang. Gott sey Lob und Dank. (Er geht ab.)

Mad. Lestang. Wo bin ich? und wohin würde ich gerathen? Daß ich noch vor diesem Menschen würde erröthen müssen — dachte ich nicht, da ich in das Haus trat. Einst war ich unbefangen — froh und glücklich. Daß sie wiederkehren wollte — die schöne Zeit! (Sie geht ab.)

Vierter Aufzug.

Juliens Zimmer.

Erster Auftritt.

Julie schreibt, sie hält inne und sieht auf

Ich kann nicht anders. Meinen Vater muß ich kennen — — und schlägt Herr Lestang mir das ab? – So bleibt es dabei — ich will hier aus dem Hause gehen und dienen. (Sie schreibt weiter.)

Zweiter Auftritt.

Onkel Lestang. Vorige. Hernach **Henriette.**

O. Lestang (macht schnell die Thür auf). Ich will gleich wieder weggehen.

Julie. Kommen Sie nur herein —

O. Lestang (hereintretend). Mit Ihrer Erlaubniß — (Er geht im Zimmer herum und sucht etwas.) Schreiben Sie nur weiter, ich werde da nur ein bischen herum gehen.

Julie. Sie suchen etwas?

O. Lestang (schlägt die Hände zusammen). Ach! das ist ein Leben!

Julie (steht auf). Nun?

O. Lestang (wichtig) Henriette hat einen Brief verloren.

Julie. So?

O. Lestang. Einen Brief — oder auch ein Billet! — Was es für eine Gestalt gehabt hat, haben sie mir nicht anvertraut. Aber die Madam hat es geschrieben, was verloren gegangen ist.

Julie. Und wie könnte das hier verloren seyn, da die Madam nie hierher kommt?

O. Lestang. Nun - die Henriette aber — die ist wie ein Wiesel überall — Spionirens halber. Die könnte ja —

Julie (sieht sich um) Hier ist nichts —

O. Lestang. Freilich nicht. Ein Brief fällt ja gleich in die Augen. Sie haben unter einander ein großes Getümmel und Geschrei deßhalb — sie laufen hin und her — fragen ganz ängstlich, wer seit einer halben Stunde in den Zimmern, auf den Treppen gewesen, vor dem Hause, über die Straße gegangen ist. Sie haben allerhand Leute auf die Straße geschickt, zu fragen, zu suchen, zu forschen —

Henriette (reißt die Thüre auf) Ist er gefunden?

O Lestang (verbeugt sich etwas) Nein.

Henriette (schlägt die Thüre heftig zu und geht)

O. Lestang. Sehen Sie — haben Sie die gehört? Hierher hat von den andern niemand kommen wollen — wegen — — — Sie verstehen mich schon!

Julie. Nein! Ich verstehe Sie nicht.

O. Lestang. Ach liebes Kind, lassen Sie Sich warnen — — indeß davon ein andermal.

Julie. Wovon? (Sie lächelt). Was haben Sie wieder —

O. Lestang. Genug, daß niemand hat hierher gehen wollen, und weil es ihnen denn doch mit dem Briefe sehr am Herzen liegt, so hat sie mich hierher geschickt; denn der Brief —

Julie. An wen war denn der Brief?

O. Lestang. Das haben sie mir nicht gesagt. Aber ich will jetzt den Leuten nachgehen, die sie auf die Straße geschickt haben. Wenn ich sehe wo die suchen, so komme ich doch vielleicht dahinter.

Julie. Suchen Sie lieber auch noch. (Sie setzt sich zum Schreiben.)

O. Lestang (geht). Ja ja. (Er kommt wieder und tritt zu ihr.) Sie sollen ja auch großen Verdruß gehabt haben?

Julie. Ach nein!

O. Lestang. Seyn Sie nur ruhig; ich sehe alles. Ich frage nach allem. Ich bringe aber auch alles in Ordnung. Es fehlt mir nicht — denn ich habe mir vorgenommen, daß ich das Kostbarste dran wenden will, was ich habe. Es geht doch nichts über Friede und Einigkeit. Was hilft mir aller Welt Gut, wenn ich nicht zufrieden bin! Drum weg damit — so sage ich. Gehorsamer Diener.

Julie (begrüßt ihn).

O. Lestang. Soll ich Ihnen vielleicht eine Feder schneiden?

Julie. Ich bin versehen.

O. Lestang. Ich denke, wenn man so ein feines Briefchen schreibt, wie das vermuthlich eines seyn wird — an den lieben Schatz — nicht wahr?

Julie. Er ist nicht von der Art.

O. Lestang (tritt zu ihr). Ohne eben curios zu seyn — haben Sie keinen liebsten Freund? — —

Julie. Nein. Ich möchte diesen Brief schließen, Herr Lestang —

O. Lestang. Ja ja. Es ist nur — ich möchte es gern wissen. Wenn man alles weiß — so kann man manchmal zur rechten Zeit sprechen.

Julie. Nur zur rechten Zeit zu sprechen, das mag schwer seyn.

O. Lestang. O ja. Drum denke ich so — sprich Du immer fort, so verfehlst Du den rechten Augenblick gewiß nicht.

Julie. Adieu, Herr Lestang.

O. Lestang. Gehorsamer Diener. (Er geht ab.)

Dritter Auftritt.

Julie. Friedrich Maring.

Julie (schreibt weiter.)

Maring. Apropos, kleine Person! Haben Sie das Brieflein entwendet, weßhalb das Haus umgekehrt wird?

Julie. Ach nein!

Maring. An wen schreibt die Kleine?

Julie (streut Sand auf den Brief und steckt ihn ein)!

Maring. Nun nun — ich werde hier nicht Gewalt brauchen, kleines Wesen.

Julie. Die Kleine, so dürfen Sie wohl sagen — Aber kleines Wesen? kleine Person? — so müssen Sie mich nicht heißen; das höre ich nicht gern.

Maring. Und warum nicht? Was klein ist, ist niedlich, das Niedliche ist liebenswürdig, also —

Julie (mit etwas Verlegenheit). Ach nein. Das Kleine ist kindisch — und —

Maring. Und Sie wollen eine formirte Donna seyn? Aber weßhalb? Wegen des Platzes auf dem Kanapee? Schwerlich!

Julie. Ach nein. Der eitlen Ehr, ich gern entbehr! (Sie lacht.) Es überfällt mich allemal eine wahre Angst, wenn deßwegen in der Gesellschaft das Hin- und Herrücken, das Stillschweigen und die langen Gesichter entstehen.

Maring (lacht). Es geht mir auch so. Nun was haben Sie sonst gegen den Stand der Kindheit?

Julie. Ja nun — da man denn doch nicht darin bleiben kann —

Maring. Leider! Selig sind die Kinder. Wir sollten ewig Kinder bleiben.

Julie (lebhaft). Ja, das wäre schön.

Maring. Die Kinder haben ihre liebliche Unerzogenheit, und sie gedeihen darin. Die Erwachsenen haben Ungezogenheiten, und man muß sie komplimentiren.

Julie. Die Kinder dürfen mit ihrem Spielzeug machen was sie wollen. Sie können frei heraussagen — das freut mich, das thue ich nicht gern, das habe ich lieb —

Maring. Den habe ich lieb? he?

Julie. Auch.

Maring (nach einer kleinen Pause). Ich möchte etwas von Ihnen erfahren.

Julie (schnell). O ich will Ihnen alles sagen was ich weiß.

Maring. Alles! Wahrhaftig alles?

Julie (erröthend) So ziemlich — alles.

Maring. Wen haben Sie lieb?

Julie. Das — das ist eine wunderliche Frage.

Maring. Es ist alles wunderlich in diesem Hause; seyn wir es auch.

Julie. Sie wollen Sich über mich lustig machen.

Maring. Heute nicht.

Julie. Aber gestern doch?

Maring. Gestern? — So halb und halb.

Julie (droht ihm gutmüthig). Ich habe es wohl gemerkt.

Maring. Das habe ich nicht geglaubt.

Julie. Anfangs that es mir recht leid. Ich wollte Ihnen auch dieß und das antworten —

Maring. Warum haben Sie es nicht gethan?

Julie. Was Sie auch in Verlegenheit gesetzt haben würde.

Maring. Das wäre scharmant gewesen. Also habe ich Sie in Verlegenheit gesetzt? Nun — das war meine Absicht.

Julie. Ei Sie haben mir ja so einfältige Dinge vorgesagt —

Maring. Gehorsamster!

Julie. Die ein gescheidter Mann keinem Mädchen sagt — wenn er sich nicht über sie lustig machen will.

Maring. So schlimm war es nicht gemeint.

Julie (sieht ihn schnell treuherzig an, und sagt mit Vertrauen und Zufriedenheit). Ach ja, das habe ich auch gedacht. — Und da die andern Ihnen gern zuhörten und Ihre Einfälle lobten — so wollte ich Sie in Ihrer guten Laune nicht stören.

Maring. Auf meine Ehre, das ist überaus honett!

Julie. Und dann — (Sie schweigt.)

Maring. Und dann?

Julie. Wenn Sie ernsthaft sind — gefallen Sie mir weniger, als wenn Sie lustig sind.

Maring. Also gefalle ich Ihnen, wenn ich lustig bin?

Julie (sehr verlegen). Ich meine — ich habe gesagt — — ja — wie ich gesagt habe, besser als wenn Sie ernsthaft sind.

Maring (lächelt). Es geht mir selbst so.

Julie (sieht nieder — sieht ihn an — geräth darüber in Verlegenheit, in dieser geht sie nach dem Tische).

Maring. Sie wollen wieder schreiben?

Julie. Es ist wohl Zeit — daß ich —

Maring. Nur noch ein Wort —

Julie (tritt näher und sieht ihn an).

Maring (sieht sie auch eine Weile an). Hm!

Julie. Was wollen Sie mir sagen?

Maring. Ein ernsthaftes Wort.

Julie (sieht nieder). So?

Maring. Nun werde ich Ihnen aber nicht gefallen.

Julie (sieht ihn bekümmert an). So?

Maring. Sie haben vorhin gesagt —

Julie (erinnert sich und hält unwillkürlich in ihrer Unruhe die Hand an die Stirne). Ja, ja. Ganz recht.

Maring. Man darf in dieser argen Welt nicht immer lustig seyn.

Julie. Freilich.

Maring. Da es nicht gut ist, daß irgend jemand einen unzeitigen Spaß mit Ihnen treibe —

Julie. Das thut auch niemand.

Maring. Hm! Es gibt einen sehr heillosen Spaß, den man nicht dafür hält, weil er ernsthaft aussieht.

Julie. Ich verstehe Sie nicht.

Maring. Kurz und gut, was halten Sie von mir?

Julie. Daß Sie ein guter Mann sind. Aber — warum fragen Sie mich das?

Maring. Ich will Ihnen einen Dienst leisten. Dazu

muß ich aber wissen, woran ich mit Ihnen bin. Also sagen Sie mir ohne alle Verlegenheit – wen von beiden haben Sie in Ihr Herz geschlossen — meinen Vetter oder den Rath Wallnau?

Julie (schnell). Keinen von beiden.

Maring. Wie — da Sie doch Herrn Lestang —

Julie. Das heißt – wenn ich Sie recht verstehe – Herrn Lestang liebe ich wie ein dankbares Kind — aber — aber —

Maring. Gerade aus gesprochen — sind Sie nicht ein bischen in Lestang verliebt?

Julie. Gewiß nicht! Nein! O nein!

Maring. Und der andere — der kommandirende Rath? Wie stehen Sie mit dem?

Julie. Nun — er bekümmert sich ja um alles hier im Hause — und er meint es auch wohl gut — aber ich bekümmere mich nicht viel um ihn.

Maring. Aber er desto mehr um Sie?

Julie. Nun ja, wie um uns alle –

Maring. Doch hat er Sie heut ohne alle Umstände geküßt.

Julie. Darüber habe ich mich sehr gewundert.

Maring. Der Mensch ist mir zuwider.

Julie (sieht ihn an und nach einer Pause). Warum?

Maring. So ein Amtsgesicht muß kein junges Mädchen küssen. Ich bin fünf und zwanzig Jahre alt — das Alter ist ein Patent für den Kuß – und doch wissen Sie, daß ich mich das noch nicht im geringsten unterstanden habe.

Julie (in Gedanken). Das ist wahr.

Maring (sieht sie gutmüthig an) Obschon ich mich es jetzt für mein Leben gern unterstehen möchte. (Er geht zu ihr.)

Julie (herzlich bittend). Nein! O nein!

Maring. Was ist das —

Julie. Thun Sie es ja nicht.

Maring (geht noch näher, doch ohne sie zu berühren). Und warum nicht —

Julie. Sie würden mich dadurch in große Verlegenheit setzen.

Maring. Wahrhaftig! (Er tritt zurück und fixirt sie.)

Julie. Gehen Sie lieber jetzt weg —

Maring. So?

Julie. Aber besuchen Sie mich einmal wieder

Maring. Auf meine Ehre, das werde ich thun.

Julie. Und dann seyn Sie recht guter Laune, sprechen Sie viel, und lassen Sie mich antworten — was mir so einfällt; dann bin ich recht zufrieden, und freue mich immer darauf, daß Sie wieder kommen werden.

Maring (schlägt die Arme unter, betrachtet sie, schüttelt den Kopf und sagt nachdenkend). Kurios!

Julie. Was?

Maring. Daß ich Sie nicht küsse!

Julie (mit rührender Gutmüthigkeit). Das werden Sie ganz gewiß nicht, und jetzt werden Sie mich allein lassen. Ich bitte darum.

Maring (schlägt die Hände zusammen). Das ist mir in meinem Leben nicht passirt.

Julie (sehr gerührt). Gehen Sie jetzt. (Sie sieht weg).

Maring. Ja, ich will wahrhaftig gehen, sobald Sie mich noch einmal angesehen haben.

Julie (schlägt das Auge nieder) O —

Maring (ernst). Eher gehe ich nicht.

Julie (wendet das Gesicht mit niedergeschlagenen Augen nach ihm hin).

Maring. Ich muß Ihr Auge sehen —

Julie (richtet es etwas auf)

Maring (sehr gutmüthig). Ihr Auge muß in mein Auge blicken.

Julie (sieht ihn an).

Maring. Ein niedlicher Liebesgott spielt Versteck in diesen hübschen Augen. Eine Thräne? — hm! (Herzlich.) Ich will Sie nicht küssen; aber da ich sehe, daß Sie zu etwas mehr noch gemünzt sind als zum Küssen, so will ich mich Ihrer annehmen wie ein Bruder. Uebrigens — ist die honetteste Verlegenheit die unausstehlichste — drum — heben wir jetzt auf, und — hiermit Gott befohlen! (Er geht ab.)

Julie (wie er fort ist, bedeckt sie das Gesicht). Ach nun weiß ich alles. (Freudig) Aber er will sich meiner annehmen? Wie ein Bruder, hat er gesagt. (Mit inniger Liebe) Ach der gute ehrliche Mensch. — (Nach einigem Nachdenken.) Wie ein Bruder? (Sie seufzt und sagt langsam.) Ach das ist recht schön. (Sie geht zur Seite weg.)

Vierter Auftritt.

Jakob. Archivar Lestang kommen aus der Mitte.

Jakob. Madam hat aber nach Ihnen gefragt —

Archiv. Lestang. Hm! (Er bleibt in der Mitte des Zimmers, die Hände auf den Rücken gelegt, stehen.)

Jakob. Sie hat mir ausdrücklich und zweimal befohlen, so wie Sie nach Hause kommen würden, sollte ich es ihr sagen. (Im Begriff zu gehen.)

Archiv. Lestang. Bleib!

Jakob. Der Einnehmer Grellmann war unterdeß schon dreimal wieder hier.

Archiv. Lestang. Nichts.

Jakob. Er müßte Sie durchaus sprechen, sagt er.

Archiv. Lestang. Ach!

Jakob. Darf ich — (Er will ihm Hut und Stock abnehmen.)

Archiv. Lestang. Was?

Jakob. Ihren Hut und Stock auf Ihr Zimmer bringen?

Archiv. Lestang. Nein. (Er lehnt sich vorwärts über den Stock und sieht auf den Boden.)

Jakob (zieht sich etwas zurück)

Archiv. Lestang. Wann hat meine Frau nach mir gefragt?

Jakob. Vor ungefähr —

Archiv. Lestang (auf- und abgehend). Es ist gleich viel.

Fünfter Auftritt.

Madam Lestang. Vorige.

Mad. Lestang. Bist Du schon lange wieder zu Hause?

Archiv. Lestang (indem er den Hut abnimmt, ruhig). Nein.

Mad. Lestang. Ich hatte Ihm doch befohlen, Jakob, Er sollte mir es gleich sagen, wenn mein Mann zurückgekommen wäre.

Archiv. Lestang. Ich habe ihn noch gebraucht.

Mad. Lestang (gibt Jakob ein Zeichen, der sich entfernt). Du siehst, daß ich sogar hierher zu Dir komme.

Archiv. Lestang. Eine Stunde früher — wäre von großem — ach! von unschätzbarem Werth gewesen.

Mad. Lestang. Ich bin so sehr erschüttert worden.

Archiv. Lestang. Ich auch.

Mad. Lestang. Deine Frage war so sonderbar — so eigen.

Archiv. Lestang (schmerzlich). Traurige Nothwendigkeit.

Mad. Lestang. Du kannst nicht glauben, daß ich ungewiß gewesen wäre, was ich Dir darauf antworten sollte.

Archiv. Lestang. Du warst entschieden.

Mad. Lestang. Verlegen war ich, wie ich Deinem Ungestüm begegnen sollte.

Archiv. Lestang. Mein Ungestüm war sehr herzlich —

Mad. Lestang. Und da ich Dir nachher antworten wollte —

Archiv. Lestang (mit Rührung). Nachher? (Mit Schmerz.) Nachher — ganz recht!

Mad. Lestang. Da ich Dir antworten wollte, warst Du schon ausgegangen.

Archiv. Lestang (lebhaft). Du hast mir ja geantwortet!

Mad. Lestang (erstaunt). Wie?

Archiv. Lestang. Stillschweigen auf eine herzlich dringende Frage ist die entschiedenste Antwort.

Mad. Lestang. Wenn Du es Deinem Plane gemäß findest, darnach eine Antwort auszulegen, wie Du sie vielleicht verlangt hast —

Archiv. Lestang. — Plan — Auslegen? (Verdrießlich.) Was soll das?

Mad. Lestang (befremdet). Das ist nicht die Stimmung, darin ich Dich verlassen habe.

Archiv. Lestang. Nur erinnere Dich, daß Du mich verlassen hast.

Mad. Lestang. Ich gestehe, es war nicht recht, daß ich mich von einer Aufwallung habe hinreißen lassen.

Archiv. Lestang. In der That, es war nicht recht.

Mad. Lestang. Aber da ich nun hier bin — um Dir zu sagen, daß mir das leid ist —

Archiv. Lestang (schnell). Es ist vielleicht zu spät.

Mad. Lestang (mit allem Gefühl gekränkten Stolzes). Wie? das geht weit.

Archiv. Lestang (schmerzlich). Wie gern wollte ich das Wort zurücknehmen — wäre die Sache anders.

Mad. Lestang (mit Würde). Zu spät? — In der That — Du läßt Dich verleiten, ein unwürdiges Spielwerk mit mir zu treiben.

Archiv. Lestang. Der Erfolg bewähre, wer von uns des andern Spielwerk gewesen ist.

Mad. Lestang. Deine Gleichgültigkeit gegen mich ist also entschieden?

Archiv. Lestang. Gleichgültigkeit? (Er legt ihre Hand auf sein Herz). So gleichgültig bin ich!

Mad. Lestang (ist von seinem Zustande betroffen, wendet das Gesicht ab und behält seine Hand). Armer Lestang!

Archiv. Lestang. Armer Lestang? — das mag seyn! Elender Lestang? das darf nicht seyn. (Er zieht unwillkürlich seine Hand zurück) Daran stehe ich.

Mad. Lestang. Und was soll nun geschehen?

Archiv. Lestang. Wenn ich mich hindurch gekämpft habe, durch so manche Stürme — rathe Dein ehrlicher Vater, was aus uns beiden werden soll.

Mad. Lestang. Gut, ich berufe mich auf meinen Vater!

Archiv. Lestang. Wo ich jetzt stehe, stehe ich durch Deinen Vater.

Mad. Lestang. Er höre auch mich!

Archiv. Lestang. Das wird er; Deine Ruhe ist uns beiden heilig. Ach — sie wird immer mir noch werther seyn, als meine eigene!

Mad. Lestang. Verstatte mir eine Frage — und da ich gefehlt habe, Deine Frage nicht auf der Stelle zu beantworten — so habe den Edelmuth, und übe jetzt nicht Rache durch eine verspätete Antwort.

Archiv. Lestang. Ich kenne keine Rache.

Mad. Lestang. Hast Du mich damals — als Du die unglückliche Frage an mich gethan hast — wirklich noch geliebt?

Archiv. Lestang (schlägt die Hände zusammen, sieht an den Himmel, und sagt dann ruhig und fest zu ihr): Ja!

Mad. Lestang. Du hast keine andere geliebt? Dieser Augenblick entscheidet — laß uns wahr seyn! Hast Du keine andere geliebt?

Archiv. Lestang. Nein! ich gebe mein Wort.

Mad. Lestang (nach einer Pause, gerührt). Ich nehme es an! — Wird auch mein Wort bei Dir gelten?

Archiv. Lestang. Ja!

Mad. Lestang. Ich habe Dich ohne Antwort verlassen müssen, weil ich mich gegen Dich nicht fehlerfrei wußte.

Archiv. Lestang. Diese Antwort vor einer Stunde — hätte mich zum glücklichen Manne gemach. Ohne Deinen Fehler kennen zu wollen, hätte ich ihn verziehen. Dein Herz würde Dir gesagt haben, mein Mann ist nicht liebenswürdig, aber er ist ein sehr treuer Freund!

Mad. Lestang. Nicht weiter! Behalte Dein Geheimniß vor mir — ich werde keines vor Dir haben; dann entscheide, ob es zu spät ist, glücklich zu seyn.

Archiv. Lestang. Friederike!

Mad. Lestang. Aber weil das, was ich thun werde, mein freier fester Entschluß seyn soll, so will ich gehandelt haben, ehe ich von mir rede. Sey gerecht und verkenne das nicht.

Archiv. Lestang. Einige Augenblicke, darin ich Dich nicht erkennen konnte — Du siehst es ja, wie sie mich zugerichtet haben.

Mad. Lestang (hält die Hand an die Stirn). Geduld! Es wird alles vorüber gehen. Reiche mir Deine Hand.

Archiv. Lestang (reicht ihr die Hand).

Mad. Lestang (mit Empfindung seine Hand schüttelnd). Ehrlicher Mann!

Archiv. Lestang. Ach! diese Würde heiligt Freundschaft — aber Liebe verbürgt sie nicht.

Mad. Lestang. Laß sehen, was ich für Deine Freundschaft zu thun vermag. Wenn ich gehandelt habe — sehen wir uns wieder. (Sie geht. Sie kommt zurück) Noch Eins! Etwas das mein Thun erleichtern und allen eine bessere Stelle anweisen kann — willst Du Wallnau einen Dienst leisten?

Archiv. Lestang. Gern.

Mad. Lestang. Er wünscht die Stelle des Justizrath Aring, er sucht sie — Du stehst gut mit Herrn von Lerov, der alles über den Minister von Trüben vermag, von dem die Besetzung dieser Stelle abhängt — verwende Dich für Wallnau, daß er diese Stelle bekommt.

Archiv. Lestang. Ich soll mich dafür verwenden — hat Wallnau Dir das aufgetragen?

Madam. Lestang. Nein. Aber er wünscht die'e Stelle dringend — und — wenn meine Bitte einigen Werth bei Dir hat — so thust Du was Du vermagst, daß Wallnau die Stelle bekommt.

Archiv. Lestang. Es liegt Dir also vieles daran, daß Wallnau diese Stelle erhalte?

Mad. Lestang. Alles!

Archiv. Lestang. Gut. Ich gebe Dir mein Wort, daß ich für Wallnau handeln will.

Mad. Lestang. Ich danke Dir.

Archiv. Lestang. Ich gehe zu Leroy. Ich gehe auch zu dem Justizpräsidenten — ich will so dringend für Wallnau reden, als wenn ich die Stelle für mich selbst suchte; noch dringender sogar.

Mad. Lestang. Du erleichterst mir damit mein Vorhaben.

Archiv. Lestang (nimmt Hut und Stock). So gehe ich auf der Stelle.

Mad. Lestang. Um so besser.

Archiv. Lestang. Ich darf keinen Augenblick versäumen; denn ich kenne jemand, für den seine Freunde diese Stelle auch sehr eifrig suchen. — Auf Wiedersehen, Friederike. (Er geht ab.)

Mad. Lestang. Ach! Mir ist leichter, mir ist wohl. Zurück von dieser Verirrung. (Sie klingelt dreimal.) Der erste Schritt ist gethan — der zweite — ist schwer, sehr schwer! Ich muß ihn thun, ich werde ihn thun. Ich kann länger nicht leben in diesen Wendungen, diesen Heimlichkeiten — Erfüllt Lestang, wie er jetzt ist, nicht mein Ideal — so gelingt es wohl noch der Liebe, ihr Ideal aus ihm zu schaffen.

Sechster Auftritt.

Vorige. Henriette.

Henriette. Ich wußte wahrhaftig nicht, wer sich in diesem Zimmer unterstanden hatte, nach mir zu schellen.

Mad. Lestang. Ist mein Brief noch nicht gefunden?

Henriette. Ach Gott nein, noch immer nicht.

Mad. Lestang. Gleichviel. Nur suche Wallnau zu sprechen, und sage ihm, wenn dieser Brief jetzt noch an ihn gelangen sollte, möchte er mir ihn uneröffnet zurückschicken.

Henriette (erstaunt). Was?

Mad. Lestang. Uneröffnet.

Henriette. Was fehlt Ihnen, liebe Madam?

Mad. Lestang. Thue, was ich Dir sage.

Henriette (schüttelt den Kopf und geht).

Siebenter Auftritt.

Vorige. Hofjunker v. Trüben.

v. Trüben. Wissen Sie auch, daß Ihr Herr Vater mir heute —

Mad. Lestang. Verzeihen Sie ihm, und leisten mir einen Dienst —

v. Trüben. Dienst leisten? ja. Verzeihen? (Küßt ihre Hand.) Darüber wollen wir unterhandeln.

Mad. Lestang. Allerdings. Aber erst helfen Sie mir —

v. Trüben. Mit meinem Leben.

Mad. Lestang. Gewinnen Sie Ihren Herrn Onkel, daß Wallnau die Stelle des Justizrath Aring erhalte.

v. Trüben. Wallnau! der soll —

Mad. Lestang. Ich beschwöre Sie darum.

v. Trüben. Ich thue alles was Sie wünschen. Zwar habe ich mein Wort an —

Mad. Lestang. Jetzt haben Sie es mir gegeben, und ich rechne darauf.

v. Trüben. Ohne Umstände, ich kassire mein früheres Wort auf der Stelle. Zwar —

Mad. Lestang. Eilen Sie, ehe ein Anderer Ihnen zuvorkommt.

v. Trüben. Aha! Ich begreife. Ein Anderer? Wie delikat — ich verstehe Wir wissen uns ohne Worte zu expliciren. Ein versteckter Sinn — ein Zeichen — eine Hieroglyphe — wir verstehen alles. Sie haben Recht. Ich gehe zu Ihrem Dienst, und der Andere wird von allen Seiten angeführt —

Mad. Lestang. Was meinen Sie mit —

v. Trüben. Keine Explication — ich danke Gott, daß der Andere einmal gehörig bestraft wird. (Er geht ab.)

Mad. Lestang. Der Andere? Ich begreife ihn wahrlich nicht.

Achter Auftritt.

Madam Lestang. Onkel Lestang.

O. Lestang. Liebste Frau Nièce! Ich bin in der höchsten Angst. Es gehen Briefe hin und her —

Mad. Lestang (lebhaft) Was für Briefe?

O. Lestang. Zwischen Wallnau und Maring.

Mad. Lestang. Wie so?

O. Lestang. Maring ist sehr böse auf Wallnau.

Mad. Lestang. Das weiß ich.

O. Lestang. Marings Bedienter spricht von wunderlichen Dingen, putzt seines Herrn Pistolen.

Mad. Lestang. Mein Gott!

O. Lestang. Ich habe ihn Kugeln gießen sehen. Was heißt das —

Mad. Lestang. Schicken Sie mir Maring daher —

O. Lestang. Maring?

Mad. Lestang. Ja.

O. Lestang. Daher?

Mad. Lestang. Ja doch.

O. Lestang. Und ich soll sagen, daß Sie ihn zu sprechen befehlen?

Mad. Lestang. Geschwind.

O. Lestang. Hier auf diesem Zimmer?

Mad. Lestang. Ach ja, ja!

O. Lestang. Ich werde also zu ihm gehen und sagen, meine Frau Nièce wünscht Sie auf der Mamsell Julie ihrem Zimmer zu sprechen. Sorgen Sie nicht — ich werde alles aufs beste ausrichten. (Er geht ab.)

Mad. Lestang. Das Aufsehen — meine Ehre — mein Mann — Wallnau — das Gerücht. (Außer sich.) Meine Ehre — Maring — mein Gott! daraus darf nichts werden. — Still, er kommt! Nein, er ists nicht. — Wo er auch bleibt — ist er das — ja das ist er.

Neunter Auftritt.

Friedrich Maring. Madam Lestang.

Mad. Lestang (geht ihm entgegen) Sehn Sie mir in die Augen.

Maring (höflich aber kalt) Heute nicht so gern wie sonst.

Mad. Lestang. Sie wollen sich schlagen?

Maring. Wer sagt das?

Mad. Lestang. Sie lassen Ihre Pistolen in Ordnung bringen? —

Maring (ruhig) Ordnung? Ist überall an ihrer Stelle, auch bei Pistolen.

Mad. Lestang. Sie lassen Kugeln gießen —

Maring. Hm! So kleine Dinger — um — Vögel zu schießen.

Mad. Lestang. Weg mit dem Scherze.

Maring. Es ist Ernst. Diebische Vögel, die in meines Freundes Garten auf Raub ausgehen.

Mad. Lestang (ängstlich) Ach Maring —

Maring. Nun?

Mad. Lestang (bittend). Verstehen Sie mich denn nicht? Verstehen Sie mich gar nicht?

Maring. Nicht gern! Ihre Aengstlichkeit für den — — macht mich böse.

Mad. Lestang. Sorge für meine Ehre — — für den Kummer meines Mannes, für meinen Freund, den ich achte, für Sie —

Maring. Nein, nein! Ich gehöre unter die, denen Sie das Haupt abschlagen lassen würden, wenn Sie die Königin Elisabeth von England wären.

Mad. Lestang. Ach es gibt eine Zeit, wo niemand mehr scherzen darf.

Maring. Auf Ehre, die Zeit ist da!

Mad. Lestang (ergreift seine Hand, und drückt sie gegen ihr Herz). Ach Maring — lieber Maring!

Maring. Meine Hand an diesem klopfenden Herzen — da thut es noth, daß ich dort hinüber sehe — Ihre hübschen Augen schlagen mich sonst in die Flucht. (Strenge.) Und das darf hol' mich der Teufel nicht geschehen.

Mad. Lestang. Ich bitte — ich bitte Sie, lieber Vetter —

Maring (wendet sich rasch um, und sieht sie an). Auf Bedingung!

Mad. Lestang. Welche —

Maring. Daß Wallnau mir meinen Handschuh bringt, und die Sache, wie sich es gehört, beilegt, weil er es wünscht. Aber das ist die Nebensache, die Hauptbedingung ist —

Mad. Lestang (rasch). Keine die mich angeht — was ich zu thun habe, wird mein freier Wille thun.

Maring. Daß Sie — aber in meiner Gegenwart — die Hand Ihres Mannes so fassen, an Ihr Herz eben so drücken, wie vorhin die meine, und so wie Sie zu mir gesagt haben — „Ich bitte — ich bitte Sie — lieber Vetter! dann eben so sagen" — Ich bitte — ich bitte dich, lieber Mann, sey glücklich!

Mad. Lestang. Wenn Sie mit allem, was ich sonst thun werde, nicht zufrieden seyn werden, dann verspreche ich, daß ich das thun werde, was Sie eben von mir fordern.

Maring. Jetzt setzen Sie den Herrn Rath zu den nöthigen Ehrenschritten in Bewegung; denn außerdem ist es unvermeidlich, daß wir zusammen in drei Stunden einen Gang ausgehen.

Mad. Lestang. Das will ich. (Sie geht.) Aber wie soll ich — wie kann ich das —

Maring. Auf einen Wink von Ihnen apportirt mir der Mann meinen Handschuh, daran ist kein Zweifel.

Mad. Lestang. Eben das möchte ich nicht.

Maring. Was?

Mad. Lestang. Ich kann ihm nicht zureden — ich darf es nicht, denn — ich will außer aller Verbindung mit ihm seyn.

Maring. Wahrhaftig?

Mad. Lestang. Ich will ihn nicht mehr sprechen. Mein Vater soll das alles einrichten.

Maring. Ein Wort —

Mad. Lestang. Nur Ihr Handel muß gleich geendet seyn, und nun lassen Sie mich machen, und fordern Sie mir keine weitere Auskunft ab.

Maring. Geben Sie mir die Hand. (Er küßt sie mit Feuer und Innigkeit.) Wonne über die Sünderin, die aus eigner Kraft sich erhebt — lange Weile über alle Gerechten. Und nun seyn Sie ruhig - Thun Sie nichts — lassen Sie mich machen. Ein alberner Junge — der einer braven Frau eine böse Stunde macht. (Er geht ab.)

Mad. Lestang. Ach — Gott Lob!

Maring (kommt wieder). Wenn Sie mich aber angeführt haben, schöne Sünderin — so schlage ich Se. Wohlgeboren, den Herrn Rath, mausetodt, das verspreche ich Ihnen. (Er geht ab.)

Zehnter Auftritt.

Vorige. Wallnau, der ihm in der Thür begegnet

Wallnau. Ein Wort, Herr Maring — (Er will mit ihm hinausgehen.)

Mad. Lestang. Bleiben Sie, meine Herren! — Zu mir, ich ersuche Sie.

Wallnau und **Maring** (treten vor)

Wallnau. Was befehlen Sie?

Mad. Lestang (verbindlich. Zu Wallnau.) Ich bitte den Freund meines Mannes (herzlich zu Maring) und unsern Freund, unsern Verwandten — daß Sie beide keine Uebereilung begehen — Sie würden damit meine leichte Verirrung, die mit viel mehr Würde ausgeglichen werden kann — und soll — als sie mit Schwäche begangen ist — unwiderruflich zum Vergehen umschaffen. (Mit Würde.) Niemand von uns hat sich ein Vergehen vorzuwerfen. Männer von Ehre kennen keine Prahlerei. — Den Männern von Ehre übergebe ich meine Sache. — Ob nun dieß Haus durch eine üble That zerstört werden soll, oder ob der Frieden wieder einkehren wird — das liegt jetzt an Ihnen. (Sie geht ab)

Eilfter Auftritt.

Friedrich Maring. Rath Wallnau.

Wallnau. Herr Maring — was sagen Sie dazu?

Maring. Ich habe Gefühl für eine brave Frau. Dem unbeschadet — muß ich nach allem dem, was hier vorher, und was unter uns vorgegangen ist, darauf beharren, daß es jetzt nicht an mir ist zu reden, sondern an Ihnen.

Wallnau. Weßhalb habe ich Ihre Ausforderung erhalten?

Maring. Sie sind unartig gegen mich gewesen — Sagen Sie Sich, wie Sie sonst gehandelt haben, so müssen Sie begreifen, daß ich Sie nicht lieben kann.

Wallnau (schnell). Genug nun! Ich habe Ihren Handschuh — und ich behalte ihn. Ich weiß was ich der Ehre schuldig bin, so gut wie das, was ich meinen Verbindungen schuldig bin. Wenn Sie in vier Wochen mich eben so zu hassen Ursache haben wollen wie heut — so bestimmen Sie Zeit, Ort und Waffen.

Maring. Ich bin das zufrieden.

Wallnau. Wenn ich nach vier Wochen mit Ihnen eben so unzufrieden bin, wie ich es bis auf diesen Augenblick bin, so können Sie mich, so fest und entschlossen ich bin, Händel zu meiden, die weder für mein Amt noch meine Jahre passen, dennoch unwiderstehlich reizen, Ihnen den Hals zu brechen. Deßhalb bleibt Ihr Handschuh noch bei mir. So viel zur Nachricht für uns alle beide. In der Zwischenzeit wollen wir uns beobachten, ohne uns mit Unterredungen beschwerlich zu fallen, wie die heutigen waren. (Er geht.)

Maring. Erlauben Sie — darf ich bitten —

Wallnau. Was gibts? (Bleibt stehen.)

Maring. Nein, auf diese Manier können wir nicht scheiden. Nein, so scheiden wir nicht.

Wallnau (fest). Und was verlangen Sie? (Er geht vor.)

Zwölfter Auftritt.

Julie öffnet langsam die Thüre.

Maring. Ich habe Madam Lestang mein Wort gegeben, jetzt Frieden zu halten.

Wallnau. Also —

Maring. Da Sie mich nun aber wieder unhöflich behandeln —

Wallnau (heftig). Nicht anders wie Sie mich behandeln.

Maring. Genug des Geschwätzes. Ich gebe Ihnen mein Wort darauf, daß Sie mir nach vier Wochen noch eben so fatal seyn werden als heute. Wenn es bei Ihnen mit mir eben so ist, wogegen ich auf der Welt nichts einwende — so lassen Sie uns ganz in aller Stille zur Sache thun.

Julie (tritt ängstlich, ungewiß ob sie jemand rufen oder selbst reden soll, leise näher).

Wallnau. Nun denn — es gelte.

Maring. Wann?

Wallnau. Heut.

Maring. Die Stunde?

Wallnau. Diese Stunde — gleich

Maring. Zur Sache. (Sie gehen.)

Julie (ergreift beide) Ach Gott!

Wallnau. Was machen Sie hier —

Julie. Es ist mein Zimmer —

Wallnau. Wie kommen Sie eben jetzt daher —

Julie (ängstlich). Der Onkel — sagt mir —

Wallnau. Wer ist es, den Sie hier suchen?

Julie. Ich suche Herrn Maring — ich weiß warum ich das thue.

Maring. Gutes Kind!

Julie. Sie sollen nicht fort —

Maring (freundlich). Wir kommen wieder —

Julie (faßt ihn am Rocke). Ich bitte Sie um Gottes willen —

Wallnau. Lassen Sie ihn —

Julie. Nein, ich rufe Menschen — Hülfe — ich folge Ihnen, Sie kommen nicht fort —

Maring. Wir kommen wieder her — (Zu Wallnau) Vorwärts!

Wallnau. Sogleich! Vorher einen Händedruck, mein Kind!

Julie. Nein — lassen Sie mich.

Wallnau. Liebes Kind —

Maring. Nein, sage ich.

Wallnau (zu Maring). Still da — (sanft) Einen Händedruck, mein Kind.

Julie. Ich will die Hand nicht berühren, die mir das Liebste auf der Welt rauben will.

Maring. Welches Recht haben Sie für diese Zumuthungen —

Wallnau. Welches Recht haben Sie, es zu verbieten?

Julie. Um Gottes willen —

Maring. Das Recht eines ehrlichen Mannes —

Julie. Ich bitte Sie —

Wallnau. Mit demselben Rechte schütze ich den guten Namen dieses Mädchens.

Maring. Gegen wen? Wer richtet ihn zu Grunde?

Wallnau. Der Spötter, der Lustigmacher, der Gesellschafter, der sich in dieß Herz geschlichen hat, das er aufopfern will — ein Bösewicht — Sie.

Maring (wüthend vortretend). Elender Prahler —

Julie (in Marings Arme sinkend. Zu Wallnau). Was haben Sie gegen ihn? Er ist mein Freund, mein Bruder, mein Beschützer!

Wallnau. Julie! Er verräth Dich —

Julie. Er nimmt sich meiner an, er ist ein guter Mensch, ein treuer Freund; dafür erkenne ich ihn, und Sie sollen ihn mir nicht rauben.

Maring. Liebe Julie!
Wallnau. Du weißt nicht, für wen Du sprichst.

Julie. Nein, nimmermehr lasse ich ihn von hier — Herr Maring — Herr Wallnau — seyn Sie gut -- versöhnen Sie Sich — geben Sie Sich die Hände! Er ist der zweite Mensch, der sich meiner annimmt, ich kann ihn nicht verlieren.

Wallnau. Ein Bösewicht, der Dich aufopfert —

Maring. Hinaus — hinaus!

Julie. Mein Bruder, mein Bruder — ich lasse ihn nicht. Ich habe keine Mutter, keinen Vater, lassen Sie mir diesen Bruder. Nehmen Sie mir nicht alles — Sie können mir ja nichts dafür wiedergeben.

Maring. Ihre Arme umschließen mich so fest — Ihr Herz schlägt so stark an dem meinen — Ihre Thränen fließen unaufhaltsam! (Er umarmt sie.) Bei Gott ich bin in sehr guten Händen, und ich will darin bleiben; sage, ehrliche Seele, bist Du mir gut wie ich Dir — so laß den Bruder fahren, und gib dem Manne Deine Hand.

Julie (sich losmachend in Wonne und Schreck). Mein Gott — mein Gott —

Wallnau (mit aller Stärke des Gefühls). Was ist das?

Maring. Reich bin ich, gut und fröhlich! — Was geb

mich Dein Vater an und wer er ist — wer Du bist, weiß ich, und leicht kannst Du besser seyn als Dein Vater!

Wallnau Das ist nicht wahr! (Er stürzt zwischen beide) Mein ist sie — mein! Meine Tochter, ich bin Dein Vater — so wahr Gott ist — ich bins. Komm an mein Herz! (Er reißt sie an sich) Vater bin ich, Vater — laßt mich es laut ausrufen — ich bin Vater!

Julie. Sie?
Maring. Mein Gott —

Wallnau. Geld kann ich Dir nicht geben, aber mein Leben habe ich gern für die Ehre meiner Tochter wagen wollen. Junger Mensch, Du hast für ein armes Geschöpf dasselbe thun wollen — unser Zwist ist der Triumph des edelsten Menschenwerths.

Maring. Großer Gott! Hätte ich ahnen können — Vergebung, Vater!

Wallnau. Ich danke Dir für Deinen Muth, ich segne Dich für jedes harte Wort — keine Liebkosung soll mir so werth seyn als Deine Beleidigungen —

Julie. Mein Vater — Sie, Sie, mein Vater?

Wallnau. Lies es in meinen nassen Augen, fühle es in diesem klopfenden Herzen — Du willst sie zur Frau! Du liebst ihn?

Maring. Ja!
Julie. Ja!

Wallnau. Umarmt Euch!

Maring und **Julie** (umarmen sich).

Wallnau (hält den Handschuh hoch). Nun Schicksal werfe ich Dir den Handschuh hin – nun komm mit allen Stürmen über mich. (Er tritt in ihre Mitte) Ich bin geborgen.

Maring. Geben Sie mir den Handschuh —

Wallnau (mit lauten Thränen). Nein!

Maring. Großer Gott, hätte ich wissen können —

Wallnau. Muth und Herz hat ihn für die Tugend hingeworfen. Er ist ein Siegeszeichen und das kostbarste Geschenk für Dein Weib! (Er gibt ihn der Tochter.) Da! halte Deinen Brautschmuck hoch in Ehren. Aber ich spreche allein, warum sprecht Ihr denn nicht —

Julie. Die Freude — das Erstaunen — dort — hier — Sie — Er — großer Gott — (Sie sinkt an ihren Vater.)

Maring. Wahrlich das Erstaunen betäubt mich so —

Wallnau. Ihr dürft auch nicht viel sprechen. Sagt mir nur das einzige Wort — Vater, und wiederholt es immer wieder, ich will nichts antworten als: Meine Kinder! Vater — Tochter — die zwei Worte sind die Geschichte jahrelanger Leiden — Tochter — Vater — Sohn — in diesen drei Worten liegt jetzt die seligste Vergeltung — lange werde ich nichts anders sprechen, Euch ansehen — Gott danken, und immer wieder sagen — Kinder, Kinder, meine Kinder!

Maring und **Julie.** Vater, Vater! (Sie umarmen ihn)

Fünfter Aufzug.

Das Zimmer aus dem ersten Akt

Erster Auftritt.

Madam Lestang tritt aus der Seitenthür lebhaft und entschlossen in das Zimmer. **Henriette** noch lebhafter und in größter Bewegung folgt ihr

Henriette. Aber um Gottes willen, so hören Sie mich doch nur an.

Mad. Lestang. Ich höre jetzt niemand als mich selbst.

Henriette. Ihre voreilige Gutherzigkeit verdirbt alles!

Mad. Lestang. Ich will es darauf wagen.

Henriette. Man wird Sie wieder verkennen!

Mad. Lestang. So ist das Meinige gethan —

Henriette. Ihr Mann betrügt Sie doch —

Mad. Lestang. So habe ich doch ihn nicht hintergangen.

Henriette. Unerhört! Unbegreiflich — — weil ein Brief verloren geht, der doch am Ende, mag ihn finden wer will, an die Adresse abgegeben werden muß — so demüthigen Sie sich so gemein —

Mad. Lestang (lebhaft). Daß der Brief verloren ist — bestimmt mich zu nichts —

Henriette. Zur kleinmüthigsten Furcht!

Mad. Lestang. Daß der Brief geschrieben wurde — daß ich mich so weit verlieren konnte — das hat mich erschreckt, das bestimmt mich!

Henriette (lächelt). Ei ja doch!

Mad. Lestang. Jetzt leidet mein Mann meinetwegen — das thut mir weh!

Henriette. Ihrenthalben leidet er nicht.

Mad. Lestang. Daß ich die herzliche Frage, ob ich seiner überdrüssig wäre — nicht beantwortet habe —

Henriette. Weil Sie seiner überdrüssig sind. Eine andre Frau würde ihm das gesagt haben.

Mad. Lestang. Ich bin meinem Manne gut —

Henriette. Heute!

Mad. Lestang. Nein, gut bin ich ihm immer geblieben.

Henriette. Wie einem guten alten Bedienten — ja.

Mad. Lestang (ernst). Ich leide es künftig nicht mehr, daß Du ihn herabsetzest.

Henriette. Sie haben Recht. Es ist besser, daß er Sie herabsetzt.

Mad. Lestang. Was thut er denn?

Henriette. Bekümmern Sie Sich lieber um das, was er nicht thut.

Mad. Lestang (unwillig) Henriette!

Henriette. Warum wird Julie nicht aus dem Hause geschickt? Daher kommt die Zerschlagenheit des Geistes. Weil Sie das endlich gefordert haben, verzweifelt er. Man muß aus Gutherzigkeit blind seyn wollen, um das nicht zu begreifen.

Mad. Lestang. Er hat mir feierlich sein Wort gegeben, daß er sie nicht liebe, und ich glaube ihm.

Henriette. Zu so einem Worte gehört wenig Athem.

Mad. Lestang. Er ist ein ehrlicher Mann!

Henriette. O ja in Geschäften.

Mad. Lestang. Fort von mir —

Henriette. Weil ich die Wahrheit sage? Es bleiben noch Leute genug im Hause, von denen Sie nie eine Wahrheit hören werden.

Mad. Lestang. Ich glaube, daß Du mich lieb hast, aber —

Henriette. Glauben Sie das ja nicht. Das Complott von Vater und Vetter und Bedienten, Onkel und Julien — dem werfen Sie Sich in die Arme; das sind die Leute, die es gut mit Ihnen meinen.

Mad. Lestang. Mögen Sie mich verkennen. Ein besonderes Gefühl — ist es Mitleid — Liebe — Gewissen — Ehre — es hat mich überwältigt, es reißt mich zur Offenheit hin. Der erste Schritt ist gethan — ich bin froh darüber, und ich thue ihn nicht zurück.

Henriette Die übrigen Schritte, die Sie noch so thun wollen, wie ein Kind, das seinen Sonntagsrock verdorben hat und in der Angst die Hand küßt, — die könnten Sie doch ein wenig verschieben, sollte ich meinen.

Mad. Lestang. Durchaus nicht.

Henriette. Wie Sie wollen! So lassen Sie Sich wieder an die Kette legen, vertrauern Sie Ihre Jugend, weisen Sie alle Menschen ab, weil sie an Ihnen Freude haben, opfern Sie die schöne Zeit, die nicht wieder kommt, einem schläfrigen Manne, der Ihnen das nicht Dank weiß, der Sie mit eingebildetem Kummer quält, während er anderwärts tändelt und liebelt; thun Sie was

Sie wollen, nur verwerfen Sie meinen letzten ehrlichen Rath nicht, damit Sie nicht einst noch bereuen müssen, ihm nicht gefolgt zu seyn.

Mad. Lestang. Welchen Rath!

Henriette. Eine Forderung machen Sie, aber auf der müssen Sie bestehen, so werden Sie auf einmal sehen, woran Sie sind, und dann wissen Sie was zu thun ist.

Mad. Lestang. Welche Forderung?

Henriette. Er soll Ihnen das Porträt zeigen, das er wie ein Heiligthum auf der Brust trägt.

Mad. Lestang (seufzt). Freilich — das Porträt —

Henriette. Das Ihnen so sorgfältig verborgen wird!

Mad. Lestang. Du bist grausam, daß Du mich jetzt daran erinnerst.

Henriette. Das der Geheimerath Jakob ihm beim Auskleiden abnimmt —

Mad. Lestang. Mein Gott! Wenn sie es ist —

Henriette Sorgfältig und ängstlich verschließt —

Mad. Lestang. Wenn es Julie ist!

Henriette. Und am frühen Morgen mit eben der Aengstlichkeit wieder überreicht. Das Porträt, das der Herr Archivar in den dunkeln Gängen des Gartens küßt, von wo er mit verweinten Augen zurückkommt. Ja, ja, das habe ich selbst gesehen, das kann ich bezeugen — das will ich ihm ins Gesicht sagen! Das Porträt lassen Sie Sich zeigen, darauf bestehen Sie, ich bitte. (Sie kniet vor ihr und küßt ihr die Hand.) Ich beschwöre Sie darum!

Mad. Lestang (nach einer Pause). Ja, das will ich.

Henriette. Nicht ablassen, bis Sie es gesehen haben?

Mad. Lestang. Nicht ablassen.

Henriette. Kein Ehrenwort darauf nehmen, daß es

ohne Bedeutung sey, daß Sie es ein andermal sehen sollten. Fest darauf bestehen, daß Sie es auf der Stelle sehen?

Mad. Lestang. Ich will darauf bestehen.

Henriette. Ihn nicht aus Ihrer Gegenwart weglassen, bis Sie es gesehen und in Händen haben?

Mad. Lestang. Ich verspreche es Dir!

Henriette (steht auf). Gott Lob! Nun ist alles gut!

Mad. Lestang. Und wenn ich nun die Gewißheit meines Unglücks gesehen habe! Was dann?

Henriette. Ach das liebenswürdige Unglück! dann — nun dann findet sich Alles von selbst. Aber — besehen Sie es von allen Seiten! lassen Sie keinen Schieber, keine Springfeder entgehen.

Mad. Lestang. Ja doch!

Henriette. Wäre etwa Ihr Gemälde zu sehen. — (Lacht boshaft.) Dann sind Sie gewiß, daß Betrug da ist — dann steckt ein anderes Gemälde darunter!

Mad. Lestang. Du bist sehr sorgsam —

Henriette. Ist es Ihr Gemälde, und Sie können das Geheimniß des Medaillons nicht finden — so behalten Sie es — ja! sagen Sie, daß Sie von Ihrem Haar dazu legen wollten. Geben Sie es hernach nur mir — ich finde alles. Ich zerbreche — ich zerreiße es, um seine Bosheit zu finden.

Mad. Lestang. Ja doch, ja doch!

Henriette. Nein, niemals hätten Sie diesen Träumer heirathen müssen.

Mad. Lestang. Kein Wort mehr —

Henriette. Sie werden sehen, daß die Tücken des Mannes an den Tag kommen. Dann habe ich Ruhe — so lange kann ich weder essen noch schlafen, noch leben. (Sie geht ab.)

Zweiter Auftritt.

Herr Seeland. Vorige.

Seeland (begegnet Henrietten, und deutet ihr, stehen zu bleiben) Ei das gute Kind! (Er sieht sie an.)

Henriette (verneigt sich kurz und will gehen).

Seeland. Auf ein Wort. Es freut mich wahrlich, daß wir uns finden. Es trifft sich recht nach Wunsch. (Er führt sie vor und redet zu seiner Tochter, indem er Henrietten an der Hand behält) Ich habe neulich meinen liebsten Rosenstock hierher geschickt. Ich habe Freude daran haben wollen; nun steht er da und muß verblühen (Zu Henrietten) Am Fuße des hübschen Stammes wächst ein üppiger Zweig und nimmt der Krone alle Kraft, daß sie — ganz unscheinbar anzusehen ist. Der schädliche Schößling muß weg; so wird der Stamm, der mir so lieb ist, blühen, und wir werden Freude daran haben. (Er sieht Madam Lestang an, und führt Henrietten einen Schritt vor) Diesen wilden, üppigen Schößling, der alle Kraft von Deinem herrlichen Stamme einsaugt, daß Deine Knospen abfallen, das frische Laub zu welken beginnt und Du zum Abscheu verdorren wirst — laß mich ihn abschneiden (er schiebt sie unsanft von sich) und wegwerfen; (er reicht Madam Lestang die Hand) daß wir wieder Freunde werden, um der schönen Rose willen, die ich gezogen habe.

Henriette (geht wüthend fort).

Mad. Lestang. Lieber Vater — Sie haben ihr zu viel gethan.

Seeland. Mit meinem Vergleiche? Da hast Du sehr Recht. Ich that dem Dinge zu viel Ehre, sie ein Theil von Dir zu nennen. Sie ist nur ein gemeines Unkraut, das am Fuße wurzelt — warum hat es Dein Mann nicht längst heraus gerissen. Dieß — und manches andere!

Mad. Lestang. Keinen Zorn! Ich bin in ganz andern Empfindungen. Ach — Ich habe sehnlich gewünscht, Sie zu sprechen.

Seeland. Die Wahrheit zu sagen — ich habe gar keine Lust gehabt, Dich zu sehen.

Mad. Lestang (bekümmert). Weßhalb —

Seeland. Ich habe die Hoffnung aufgegeben, daß Du noch zum Guten zu wenden seyn könntest.

Mad. Lestang (tief gekränkt). Habe ich das verdient?

Seeland. Tochter! — Es ist nur der erste Schritt, der kostet — Du hast ihn entweder gethan, oder es ist doch nicht mehr aufzuhalten, daß Du ihn thust — — die Mummerei von Anstand, womit hernach die Gräuel übertüncht werden — ist der verdammlichste Hohn. Also sagte ich mir gleich — Deine Friederike ist verloren.

Mad. Lestang. Vater!

Seeland. Da es mich doch aber viel gekostet hat, das zu sagen und zu empfinden — so bin ich noch einmal zu Dir gekommen. Warum — was ich Dir sagen will, ob es helfen wird — das weiß ich nicht — glaube es fast nicht. Indeß — da bin ich. Vermag ich nichts mehr über Dich, so nehme ich Abschied — — meine gute Friederike ist begraben. Das Bild von dem, was sie war — bleibt hier. (Er deutet auf das Herz) Was sie seyn wird — ist ein unähnliches, verzerrtes Gemälde, an dem ich keinen Theil mehr haben will.

Mad. Lestang (die während seiner Rede die Augen wehmüthig niedergeschlagen hat, erhebt mit einem tiefen Athemzuge ihr Gesicht). Nur der erste Schritt kostet? das ist wahr — er wäre fast geschehen —

ich bekenne es. Schwer ist der erste Schritt rückwärts — aber er ist geschehen. Leiten Sie, was noch zu thun ist.

Seeland (außer sich). Tochter!

Mad. Lestang. Als Vater, als Menschenkenner verwenden Sie Sich fein — aber wirksam — daß Wallnau ja nicht seinen Freund meide — ja nicht ihn — aber mich soll er meiden.

Seeland (gerührt). Friederike!

Mad. Lestang Höchst edel hat sich Wallnau benommen. Zu edel er — und ich zu schwach — als daß ich in der Weise wie sonst unbefangen ihm gegenüber seyn könnte. Darum meide er mich. Dieß bewirken Sie gleich.

Seeland (geht).

Mad. Lestang (hält ihn zurück). Sagen Sie ihm — es würde eine Zeit kommen, wo ich an meiner Stelle glücklich und mit Werth stehen würde — dann sollte er mir willkommen seyn. Empfehlen Sie ihm den Frohsinn meines Mannes. Ich will dafür thun, was ich kann, aber ich werde nicht alles können.

Seeland (umarmt sie, trocknet seine Augen. Umarmt sie wieder). Gott segne meine Friederike. (Er geht schnell weg.)

Mad. Lestang (holt Athem aus freier Brust, geht einige Schritte und sagt in der sanftesten Rührung) Es wandelt sich zu schön auf dieser Bahn! Wenn ich nur auch zu dir schon gesprochen hätte — armer Mann! Wahrscheinlich hast auch du mir eine Schwäche zu bekennen — aber mir ziemt es nicht, mit dir zu rechten!

Dritter Auftritt.

Madam Lestang. Onkel Lestang.

O. Lestang (sieht in die Thür). Darf ich —

Mad. Lestang (gutmüthig). Immerhin.

O Lestang (kommt näher). Ach — Frau Nièce! (Er zieht ängstlich und fast zitternd ein kleines versiegeltes Paket hervor.)

Mad. Lestang. Was haben Sie da —

O. Lestang (nach einer kleinen Pause). Mein Kostbarstes — mein Einziges!

Mad. Lestang. Und —

O. Lestang. Bitte gehorsamst, daß ich es zum Opfer bringen darf. Sehen Sie — ich weiß es wohl — daß Sie mich nicht leiden mögen —

Mad. Lestang (verlegen). Herr Onkel — (Mit Güte.) Seyn Sie ruhig.

O. Lestang (ängstlich). Nein, nein! Ich soll ja aus dem Hause — Sie wollen mich nicht mehr dulden. Henriette hat mir alles gesagt — ich müßte fort und müßte fort.

Mad. Lestang (beschämt). Es war — vor kurzem vielleicht —

O. Lestang. Sie sind eine gute Frau — und Henriette ist allein Schuld daran. Ich kann wohl denken wer darauf besteht — Herr Wallnau —

Mad Lestang (schnell). Sie thun ihm Unrecht, Sie thun ihm sehr Unrecht.

O. Lestang. Er trachtet nach vielem Geld und Gut, das habe ich lange gemerkt. Solche Menschen sind hart. Ich — sehen

Sie — habe alles weggegeben, was ich hatte, und lebe nun hier von der Güte. Welcher Freund würde sich an mich gewöhnen, an wen soll ich mich noch gewöhnen? Drum habe ich in der Angst — den Muth gefaßt, Sie um etwas zu bitten.

Mad. Lestang. Was wünschen Sie —

O. Lestang. Es wird alles gut gehen, wenn Wallnau hier wegbleiben will. Da er nun geizig ist — so schenken Sie ihm dieß — es ist mein größter Reichthum, mein Liebstes! Ich verlange nichts dafür, als daß er nicht mehr herkommt, und daß ich im Hause bleiben darf.

Mad. Lestang. Wie können Sie glauben —

O. Lestang. Sie wissen nicht was es ist? — Vielleicht der größte Diamant in der Welt. Von unschätzbarem Werthe.

Mad. Lestang. Wie —

O. Lestang. Sehen Sie dieses Schächtelchen an, es ist wohl verschlossen und versiegelt; lesen Sie die Aufschrift, „den 7. September 1768.“ An dem Tage habe ich von Art und Natur die größte und edelste Spinne in der Welt gefangen, wogegen alle andere Spinnen für unedel und gar nichts zu achten sind, die ist hier eingesperrt, und es ist eine gewisse Wahrheit, daß diese fleißigen Geschöpfe Gottes, wenn keine Luft an sie kommt, sich mit der Zeit in Diamanten verwandeln.

Mad. Lestang (lächelt). Ach lieber Onkel —

O. Lestang. Sie hat nach meinem Tode an Sie kommen sollen — aber in dieser großen Noth — muß ich sie jetzt von meinem Herzen reißen. Nehmen Sie, geben Sie ihm meinen ganzen Reichthum — nur daß ich hier bleiben kann!

Mad. Lestang. Hören Sie mich an.

O. Lestang. Ach Gott ja!

Mad. Lestang. Es haben sich manche Umstände sehr verändert.

O. Lestang. So? Was für welche —

Mad. Lestang. Darnach forschen Sie nicht. Aber ich gebe Ihnen die Versicherung, daß Sie ruhig und vergnügt in unserm Hause leben und bleiben werden.

O. Lestang. Ach Gott! Darf ich es glauben?

Mad. Lestang. Glauben!

O. Lestang. Jedermann erzählen?

Mad. Lestang. Wem sie wollen.

O. Lestang (reicht das Schächtelchen hin). Da — da! Gott lasse Sie den kostbarsten Schatz finden.

Mad. Lestang. Sie wollen aufopfern was Ihnen das Liebste ist — — ich erkenne und empfinde das! Aber behalten Sie, erhalten Sie alles, was für Sie Werth hat, es wäre ungerecht, es Ihnen zu rauben.

O. Lestang. Ach, Sie sprechen wieder so mit mir, wie Sie im ersten Jahre gesprochen haben. Das war eine Zeit —

Mad. Lestang (reicht ihm die Hand). Diese Zeit kommt wieder.

O. Lestang. Ach Sie geben mir gar die Hand. — (Küßt sie.) Gott segne Sie und gebe Ihnen Freude von dem Ringe, den Sie an dieser Hand tragen. Bin ich gestorben, (er hebt die Schachtel in die Höhe) so wissen Sie, was Sie zu erwarten haben! drum lassen Sie Sich nichts abgehen und verschenken von dem Ihrigen, wie es Ihr Herz verlangt. (Geht, kommt zurück) Apropos, ich habe etwas gesehen, und wäre ein undankbarer Mann, wenn ich es Ihnen nicht gleich erzählen wollte. Ich habe gesehen, daß Herr Maring Mamsell Julien vorhin geküßt hat.

Mad. Lestang. Hm!

O. Lestang. Ich habe noch mehr gesehen. Die Thür ging eben auf — da sah ich, daß sie ihren Kopf an seiner Brust liegen hatte.

Mad. Lestang. So?

O. Lestang. Auf seiner Brust. So — hier in dieser Gegend. Und Herr Wallnau war dabei —

Mad. Lestang. Ist Herr Rath Wallnau noch im Hause —

O. Lestang. Ich glaube — ich will gleich nachfragen. (Er geht ab.)

Mad. Lestang. Nein, thun Sie das nicht.

O. Lestang. Und sonst — — was Sie vorhin sagten, was das für Umstände sind, die sich verändert haben — das kann man wohl jetzt noch nicht erfahren?

Mad. Lestang. Bald, lieber Onkel — bald!

O. Lestang. So will ich mich unterdeß damit beruhigen, daß Sie mich lieber Onkel genannt haben. Das will ich aber auch auf der Stelle der Henriette erzählen.

(Er geht ab.)

Vierter Auftritt.

Vorige. Henriette.

Henriette (reißt die Thür auf). Madam — Madam! Auf ein einziges Wort — geschwind!

Mad. Lestang (geht).

O. Lestang (der stehen geblieben ist, wie Henriette die Thür aufreißt). Was mag das seyn? So geschwind — so heftig —

und nur auf ein Wort? Mit Einem Worte wüßte ich niemanden etwas zu sagen. Hm! Geschickt ist sie. Zu geschickt vielleicht. Mit Einem Worte! hm? (Er denkt nach)

Fünfter Auftritt.

Archivar Lestang. Friedrich Maring. Voriger.

Archiv. Lestang. Du bist ja in überströmender Freude! So rede doch nur —

Maring. Ja ich bin der glücklichste Mensch! — Sie hier? Onkel, lassen Sie uns — ich habe dem Vetter ein Geheimniß zu sagen.

O. Lestang. Ich will nur erst erzählen —

Maring. Ich habe zu erzählen.

O. Lestang. Daß ich so glücklich bin —

Maring. Auch glücklich? (Umarmt ihn.) Das ist scharmant.

O. Lestang. Ich darf im Hause bleiben —

Archiv. Lestang. Versteht sich!

O. Lestang. Lieber Onkel hat sie mich genannt, die Hand hat sie mir gegeben, sie will Henrietten den Text lesen.

Archiv. Lestang. Wer?

O. Lestang. Deine liebe Frau.

Maring. Damit holla! Nun gehen Sie im Gefühl Ihrer Dignitäten, erzählen Sie wie Sie den großen Proceß gewonnen haben; wenn der unsrige auch gewonnen seyn wird, sollen Sie gerufen werden. (Er führt ihn launig an die Thüre und läuft zu Archivar Lestang) Ihren Segen, theurer Freund, unser zweiter Vater! Ich bin Juliens verlobter Bräutigam.

Archiv. Lestang (freudig). Was! Mein Gott! —

Maring. Der Vater hat sich entdeckt!

Archiv. Lestang. Entdeckt?

Maring. Entdeckt! Nur jetzt kein wie, wann und warum! Wallnau ist bei der Tochter. Er und Sie sind die einzigen, die mein Glück wissen.

Archiv. Lestang (umarmt ihn). Ach Maring — gute Seele — wie freue ich mich Deines Glücks!

Maring. Sie freuen Sich und weinen? freuen Sie Sich mit frischem Herzen und lachen Sie aus voller Brust.

Archiv. Lestang. Ich wollte ich könnte es.

Maring. Man kann alles was man will.

Archiv. Lestang. Ach!

Maring. Dieß Ach und O! Diese Furche zwischen den Augenbraunen, diese Augen, die zu leicht unter Wasser stehen — die sind Schuld, daß nicht alles mit Ihnen geht wie es soll.

Archiv. Lestang. Kann seyn!

Maring (ahmt es mit guter Art nach). Kann seyn? Schlagen Sie mir auf die Schulter, und rufen Sie, hole mich der Teufel Du hast Recht, drehen Sie Sich auf dem Absatz um, schlagen Sie der gemeinen Welt ein Schnippchen, geben Sie Ihrer Frau die Hand und sagen Sie — es wird künftig weder rechts noch links gegangen, sondern mit mir Schritt vor Schritt gerade aus! dann vorwärts Marsch!

Archiv. Lestang. Zehn Jahre jünger — so ginge das wohl so. Aber jetzt —

Maring. Des hohen Alters! Vierzig Jahre!

Archiv. Lestang. Vierzig und zwanzig?

Maring. Vierzig ist Kraft — zwanzig ist Liebenswürdigkeit. Sie sind gesund an Leib und Seele — es geht alles was Sie wollen. — Aber kein Ernst, kein Gram, keine Thränen. An dem Liebhaber interessirt das die Weiber — am Mann finden sie sich erschrecklich dadurch ennuyirt.

Archiv. Lestang (in Gedanken). Freilich!

Maring. Weg mit dieser manierlichen Weste, mit dem Haarbeutel und der Ministerialfrisur, mit dem halben Kleide! Das versteht Wallnau besser!

Archiv. Lestang. Er ist entschiedener als ich, und doch duldet er wie ich.

Maring. Er weiß doch manchmal die Last abzulegen, dazu gebraucht er auch sein Aeußeres. Sein schwarzes Haar in capriciösen Locken, sein moderner Anzug, sein rascher gestreckter Schritt, seine beherrschende Freundschaft — — bei aller Sanftheit reißt er fort, und führt auf den rechten Weg.

Archiv. Lestang. Gut gemeint, wackrer Vetter — auch wahr gesagt. Aber kann ich nun auf einmal mich noch verwandeln, und —

Maring. Sie können es, und Sie müssen es nach und nach! Aber auf meine Ehre, verwandeln müssen Sie Sich — dann verwandelt sich diese hübsche Frau von selbst mit.

Archiv. Lestang. Wie stehe ich mit ihr?

Maring. Gut! Und daß Sie jetzt und immer aufs beste stehen mögen, damit Ihre und meine Ehe unter Einem Dache die glücklichsten im Lande seyen — eine Bitte, eine Herzensbitte!

Archiv. Lestang. Sprich!

Maring. Erfüllen Sie die nicht, so sind Sie ein schöner verschütteter Ruin, von dem ich mit Trauer mein Auge abwenden und wegziehen muß, weil ich mich des Lebens an dem freue was ganz ist, und allem aus dem Wege gehe, was Nichtigkeit predigt.

Archiv. Lestang. Deine Bitte?

Maring. Sehr vermuthlich wird Ihre Frau — die ein gutes Herz hat, das sich jetzt, glaube ich, ganz und gar für Sie regt, zu Ihnen kommen, und diese und jene tröstlichen Dinge sagen.

Archiv. Lestang. Glaubst Du das? (Schüttelt den Kopf.)

Maring. Ja. Aber sie wird, da Sie ihr einmal den Schritt über sich aus Liebe, aus Gutheit, aus zu wenig Forderung für sich, gegeben haben — mit ihrem Versehen doch über Ihnen und in der Höhe bleiben wollen — So wahr ich ehrlich bin, das muß nicht seyn.

Archiv. Lestang. Möchte sie mich lieben können — so stehe ich hoch, ich mag stehen wo ich will.

Maring. Gehorsamer Diener. Dem ist nicht also! Ei! Hat es denn keine kleine gute hübsche Frau auf der Welt gegeben, als diese Einzige? und darf sie deßhalb über einen braven, klugen, zärtlichen, geachteten Mann herrschen wie über ein Spielwerk?

Archiv. Lestang. Wahrlich ich kann nicht zu viel fordern, denn ich gebe Dir mein Wort — wenn ich auch weiß, daß ich Antheil verdiene, so begreife ich doch nicht, wie man mich lieben könnte?

Sechster Auftritt.

Jakob. Vorige. Hernach **Einnehmer Grellmann.**

Jakob. Der Einnehmer Grellmann —

Archiv. Lestang. Nicht doch —

Jakob. Er ist zum vierten Male da. Er sagt, daß er Ihnen ein sehr nothwendiges Papier selbst zu übergeben habe.

Maring. Bettelei.

Jakob. So viel er zu verstehen gibt — hat ihn jemand sehr ängstlich darum gebeten, und hat ihm Geld dafür geboten. Das Papier gehöre Ihnen, sagte er.

Archiv. Lestang (nachdenkend). Mir? Nun, er mag kommen.

Maring. Darf ich da bleiben?

Archiv. Lestang. Immerhin!

Maring. Sie sind reizbar, daß Sie im Ernst oder Gutheit nicht zu viel thun — erlauben Sie mir es.

Grellmann. Herr Archivar — hm! — Ich habe erwartet, Sie allein zu sprechen.

Archiv. Lestang. Mein Vetter Maring — ein sehr braver Mann.

Grellmann. Wir beide haben in Gegenwart eines dritten zu verlieren, Herr Lestang.

Archiv. Lestang. Das kann nicht mein Fall seyn, also reden Sie.

Grellmann. Sie zwingen mich — die Zeit rückt heran — meine Lage ist schrecklich, also zur Sache. Ich habe heute schon in der Angst meiner Seele mit Ihnen gesprochen, Sie haben mich aber mit dem Gelde nicht retten wollen —

Archiv. Lestang. Können.

Grellmann. Ich bin wieder gekommen Sie zu bestürmen. Sie waren abwesend, nicht weit von hier auf der Straße — finde ich einen Brief an Herrn Rath Wallnau. Ich bin im Begriffe diesen Brief zu ihm zu bringen — ich sehe Leute auf der

Gasse suchen — Geld — und — ziemlich viel Geld bieten, wenn man den Brief finden würde. Ich lasse mich in ein Gespräch ein, und erfahre, daß man den Brief, wenn er gefunden würde, nicht zum Herrn Rath Wallnau bringen soll, sondern zu Madam Lestang. Ich werde nachdenkend —

Archiv. Lestang. Und Sie haben den Brief noch? —

Grellmann. Ja.

Archiv. Lestang. So bringen Sie ihn doch gleich zu meiner Frau.

Grellmann. Das geht nicht an, das kann nicht seyn.

Maring. Weßhalb?

Grellmann. Denken Sie von mir wie Sie wollen. Der Sinkende greift nach jedem Brettchen. Die Noth ist da — die Angst heißt alles gut — der Brief muß mich retten; denn ich sage Ihnen, er ist mehr werth als ein Trinkgeld!

Archiv. Lestang. Woher wissen Sie das?

Grellmann (in Verzweiflung). Der Brief ist von der Art, daß er mich retten kann, er ist für Sie, der Sie reich und empfindlich sind, alles werth; und er muß mich retten.

Archiv. Lestang. Sie haben ihn gelesen.

Grellmann. Ich habe ihn gelesen.

Archiv. Lestang. Sie haben die Schändlichkeit begangen, ihn zu erbrechen?

Grellmann. Ich stehe vor Ehre und Schande; also gehe ich auf Tod und Leben. Vater von sechs Kindern — Cassation — Selbstmord — Betteln — was habe ich zu verlieren! Sie sind ein unglücklicher Ehemann, das weiß man; Sie sind ein braver Mann — man spricht hier und da von Scheidung —

Archiv. Lestang. Großer Gott!

Grellmann. Der Brief ist Ihnen sehr nützlich oder kann doch nützlich gedreht werden, wenn man auf Scheidung ausgehen will. Sie mögen nun das wollen oder nicht, so fordert Ihre und der Madam Ehre, daß Sie den Brief besitzen. Er ist ein Darlehen von tausend Thalern werth.

Maring. Her mit dem Briefe.

Grellmann. Wenn Sie mich nicht retten, wenn Sie Gewalt brauchen — hier auf der Stelle (er zieht ein Terzerol) schieße ich mich nieder, so wahr Gott lebt, und ich von meinen Sinnen nichts mehr weiß. Vom Leibe, junger Herr.

Archiv. Lestang. Halt! — Ich rette.

Maring. Vetter! Was thun Sie —

Archiv. Lestang. Mein Vermögen ist für meine Frau — ich mußte die Hülfe vorhin versagen. Jetzt gebe ich das Geld für ein Eigenthum meiner Frau. Sie haben hiermit mein Wort für tausend Thaler und gegen jede Gewalt — Ruhig, Vetter!

Grellmann (mit gefalteten Händen). Gott sey gelobt — hier ist der Brief —

Archiv. Lestang. Noch nicht. (Er schellt Zu Grellmann.) Ohne Sorgen, ruhig!

Grellmann. Ich baue auf Ihr Wort

Jakob (kommt).

Archiv. Lestang. Ein Licht.

Jakob (geht).

Archiv. Lestang. Hier setzen Sie sich nieder, da liegen fertige Brief-Converte, schlagen Sie den erbrochenen Brief da hinein, siegeln Sie und schreiben auf die Adresse, was ich diktiren werde —

Grellmann. Sie wollen ihn nicht lesen, da Sie doch daraus —

Archiv. Lestang (strenge). Thun Sie, wie ich sage!

Grellmann (legt den Brief in das Couvert). Ich will schreiben — wenn ich es in der Verwirrung kann.

Jakob (bringt Licht und geht).

Archiv Lestang. Siegeln Sie.

Grellmann (siegelt).

Archiv. Lestang. Nun zum Schreiben. „Ich der Unterschriebene habe diesen inliegenden Brief, an Herrn Rath Wallnau adressirt, gefunden, erbrochen, gelesen. Ich habe ihn dem Archivar Lestang gebracht, der ihn nicht lesen, ansehen, noch ein Wort vom Inhalt hat hören wollen. Ich habe dafür ein Darlehen von Ein tausend Thalern gefordert und das Wort darauf empfangen. Ich habe ihn selbst in dieß Couvert gesiegelt, alles in Gegenwart des mit unterschriebenen Herrn Maring. Mir ist versprochen, wenn ich den Inhalt gegen jedermann geheim halte, auch gegen den Archivar Lestang selbst, daß ich die dargeliehenen tausend Thaler alsdann nicht mehr zurückzahlen, sondern zum Geschenk erhalten soll."

Grellmann (stürzt zu des Archivar Lestangs Füßen).

Maring (umarmt Lestang)

Archiv. Lestang. Schreiben Sie weiter.

Grellmann (steht auf). Mein Gott — mein Gott!

Archiv. Lestang. „Dieses ist alles Wahrheit, die ich vor Gott betheuern und mit einem körperlichen Eide erhärten will, wenn es der Archivar Lestang verlangen sollte." Die Stadt, den Tag, das Jahr. Ihren Namen. Stehen Sie auf. (Liest es.) Richtig! Vetter, Ihren Namen.

Maring (unterschreibt und gibt dem Archivar Lestang den Brief).

Archiv. Lestang (zu Grellmann). Heute Abend um zehn Uhr holen Sie das Geld hier ab. Nun gehen Sie weg ohne noch ein Wort mit uns zu reden.

Grellmann (bedeckt das Gesicht und geht).

Maring. Ich verehre Sie — über alles in der Welt.

Archiv. Lestang. Liebe mich — es ist mir tröstend!

Maring. Lassen Sie mich fort — ich bin in einer gewaltthätigen Rührung. Edler Mann! ich bitte Sie um Ihrer Ruhe und Ehre Willen, verzeihen Sie, vergessen Sie, seyn Sie gütig in jedem Sinne. Aber nehmen Sie die Stelle, die Ihnen gebührt.

Archiv. Lestang. Ich fühle was ich mir schuldig bin.

Maring. Gott Lob! Ihr Glück ist gemacht, wenn Sie Sich ermannen, Ihrer Frau die Leben zu geben, nicht sie von ihr zu nehmen! (Er geht ab)

Archiv. Lestang (besieht den Brief). Ich will verzeihen — ich will gut seyn — aber nicht weich! Gib dich zur Ruhe, armes Herz. Du willst allen wohl - man kann dir dafür doch nicht übel wollen. — An Wallnau? — Wenn hier eine Schuld ist — so ist Sie nicht auf seiner Seite! Nein! Ich kenne dich zu gut — auf deiner Seite kann sie nicht seyn! (Auf einmal.) Ach — nun — nun verstehe ich so manchen deiner Winke, den mein argloses Herz nicht zu deuten wußte. Wie viel Schuld auf der andern Seite seyn mag – so bin ich gewiß, was ich zu verschmerzen habe, ist nicht Ehrlosigkeit. (Er steckt den Brief ein.) Vergib, forsche nicht und geh mit Selbstgefühl deinen Weg zum Ende hin.

Siebenter Auftritt.

Archivar Lestang. Madam Lestang.

Mad. Lestang. Ich komme mit schwerem Herzen — und habe den Augenblick nicht beeilt, den ich fürchte. Meine Seele war mit Dir beschäftigt.

Archiv. Lestang. Es ist mehr als Vermuthung, daß Wallnau die Stelle erhalten wird, die Du ihm wünschest.

Mad. Lestang (dankt mit einer Bewegung).

Archiv. Lestang. Macht Dir das nicht Vergnügen?

Mad. Lestang (sieht ihn zärtlich an)

Archiv. Lestang. Was?

Mad. Lestang. Du bist bleich —

Archiv. Lestang. Ich bin ermüdet —

Mad. Lestang. Es scheint mir — Du zitterst —

Archiv. Lestang. Das ich nicht wüßte — nun freut es Dich nicht, wenn Wallnau die Stelle erhält?

Mad. Lestang. Hernach davon. — Höre mich mit Freundschaft an.

Archiv. Lestang. Das will ich.

Mad. Lestang (gefaßt). Es mußte mir scheinen, als wenn ich in Deinem Herzen nicht mehr die Stelle hätte, die ich einst darin besessen habe.

Archiv. Lestang (ruhig) Warum?

Mad. Lestang (nach einer Pause mit Zartheit). Eine Versicherung würde mir Muth eingeflößt haben, mit dieser kalten Frage — entfernst Du Dich von mir.

Archiv. Lestang. Ich will Dich hören und antworten. Vorher kann ich nichts zu versichern haben.

Mad. Lestang. Ich verdiene diesen Ernst, der fast Strenge scheint — gütiger wäre es, wenn Deine Milde mir die Last erleichtern wollte — an Güte hast Du mich gewöhnt.

Archiv. Lestang. Bist Du redlich damit umgegangen, was kann Deine Offenheit zurückhalten?

Mad. Lestang (sammelt sich mühsam). Aufrichtig muß ich seyn — ich will es seyn. Aber — vergib mir — ich habe nicht erwartet, Dich so zu finden. Du verwirrst mich, schlägst mich nieder —

Archiv. Lestang. Ist das, so thut es die Stimme in Dir, nicht ich. Ich bin wie ich war. Rede denn, ich habe Dir jetzt nichts zu sagen.

Mad. Lestang. Nicht? — Das ist hart.

Archiv. Lestang. Ich bin willig Dich zu hören.

Mad. Lestang. So soll eine vertrauliche Annäherung der Herzen sich in eine Untersuchung verwandeln — das habe ich nicht geglaubt.

Archiv. Lestang. Habe die Behutsamkeit, dieses Wort nicht zu nennen, da ich es nicht gebrauche.

Mad. Lestang (zitternd). Du willst nicht von meiner Liebe hören — meinen Gehorsam nur nimmst Du in Anspruch? (Sie hält inne.) Auch das! Es sey Aus Deinen Geschäften ist Trockenheit über Dich gekommen, die mich entfernt hat. Deine Klagen haben Dich von der Welt geschieden, die Welt von Dir. Das raubte mir Lebensfreude. Deine Gleichgültigkeit hat Dir die Bedeutung in der Welt genommen, das kränkte meine Ehre. Du solltest selbst — O Lestang — Du siehst es, daß ich unter der Last erliege —

Archiv. Lestang. Ich stehe unter dieser Last und harre aus.

Mad. Lestang. Sey gütig, reiche mir die Hand — gib mir ein Zeichen aus der bessern Zeit, daß ich nicht vor Muthlosigkeit vergehe —

Archiv. Lestang. Halte Dich fest an Dir selbst — die Höhe ist bald erstiegen.

Mad. Lestang (schwach). Du stelltest selbst Wallnau zwischen Dich und mich — sein Bild schien mir gefälliger, Deine Treulosigkeit mit Julien entschieden — Widerwillen an Dir wollte eben beginnen — die Empfindung für Wallnau, eben ausbrechen in Leidenschaft — da bist Du mir im Feuer Deiner vorigen Liebe erschienen — mein Gefühl für Dich ist wieder erwacht, die Ehre hat vollendet, Unzufriedenheit über mich erfüllt meine Seele — ich bekenne Dir meine Schwäche — ich gebe mich von neuem Dir hin mit ganzer Seele. Ich habe nun alles gesagt.

Archiv. Lestang. Alles?

Mad. Lestang. Alles! (Pause.) Wirst Du mir gar nichts sagen, Lestang?

Archiv. Lestang. Hast Du noch Zweifel an mir wegen Julien?

Mad. Lestang. Einen einzigen. Darf ich ihn sagen?

Archiv. Lestang. Ja.

Mad. Lestang. Das Bild, das Du auf Deiner Brust trägst — darf ich es sehen?

Archiv. Lestang. Dieß Bild? Nicht gern.

Mad. Lestang. Wie? Das Bild —

Archiv. Lestang. Ist vielleicht das einzige Unrecht, das ich an Dir begangen habe.

Mad. Lestang. Lestang!

Archiv. Lestang. In jeder andern Stunde würde ich Dich gebeten haben, es nicht von mir zu fordern. In dieser Stunde muß ich mich Dir so offen darstellen, wie Du Dich mir bekannt hast. Ja — es gibt eine Nebenbuhlerin, mit der Du zu kämpfen hast. In den Stunden, wo Du meines

Grams nicht geachtet, meine bescheidene Liebe übersehen hast — in den Stunden, wo ich nirgend Trost mehr finden konnte — nahm ich meine Zuflucht zu ihr. Ihr Bild entstellte manchmal das Deine, ihr Bild erfüllte mich mit Wehmuth, mit Sehnsucht nach einer Vollkommenheit, die sie mir gab, die Du mir geben konntest aber versagt hast. (Er nimmt das Bild und die Kette ab.) Hier ist es. Es ist das Bild meiner verklärten Frau!

Mad. Lestang. Ach mein Gott! Ach Lestang!

Archiv. Lestang (er hängt es ihr um). Dein Vertrauen erwirbt Dir dieses Eigenthum. Hier will ich sie wiederfinden — mit Dir theile ich mein Gefühl für die Unvergeßliche! An Schönheit, Tugend, Würde und Kraft bist Du ihr gleich, werde ihr gleich an Freundlichkeit und Milde; geh einen Schritt Deinem Freunde entgegen wie sie es that, und Du wirst alles aus mir machen, was Du vermißt hast.

Mad. Lestang. Ich will es, ich gelobe es Dir!

Archiv. Lestang. Gib mir die Hand, ich verzeihe Dir! — Von neuem betreten wir unsere Bahn — ich reiche Dir mein Herz unter dem Bilde des guten Weibes. O Caroline — lächle Frieden auf uns herab aus Deiner Wonne.

(Er umarmt sie.)

Mad. Lestang. Glaube mir — ich bin nicht neidisch auf diese edle Todte! Wenn ich eine Thräne nicht zurückhalten kann, so ist es darüber, daß ich Dich nicht so glücklich machen kann, als sie es konnte. Ich bin nicht was sie war — aber freudig will ich ihr nachgehen, so gut ich es vermag!

Archiv. Lestang. Genug, Friederike! — Nun störe ferner nicht Eifersucht auf Lebende noch Todte unsern Frieden, kein Geheimniß umwölke unsere Tage. Dazu laß mich Anstalt machen. Hast Du den Glauben an meine Zärtlichkeit verloren, so laß mich versuchen, ob mein Vertrauen diesen Glauben Dir wieder geben kann. (Er gibt ihr den Brief, den Grellmann brachte, und geht.)

Mad. Lestang (liest die Aufschrift, läßt die Arme sinken, liest wieder — wankt nach einem Stuhle, hält sich an der Lehne, läßt den Brief aus der Hand auf den Stuhl gleiten, und stürzt auf die Knie vor dem Stuhle nieder, indem sie ihr Gesicht auf die gefalteten Hände lehnt). Erhalte ihn mir, und gib seinem Herzen jeden Frieden! Willen habe ich ihn zu beglücken, gib mir die ganze Kraft dazu — oder nimm mich von der Welt weg, auf der ich nicht seyn kann, wenn ich nicht ganz für ihn lebe!

(Sie geht.)

Achter Auftritt.

Madam Lestang. Henriette.

Henriette. Herr von Trüben —

Mad. Lestang (geht wieder vor). Nicht — und nie mehr, Henriette. Ich halte Wort — hier ist das Bild! Sieh es an. Es ist mein Eigenthum. (Sie reicht ihr den Brief.) Lies!

Henriette (liest).

Mad. Lestang (nimmt einen Ring vom Finger, nachdem Henriette gelesen): Gute Dienste habe ich Dir nicht zu belohnen — aber eine verlorene Aussicht will ich Dir ersetzen. Da — er ist Dein! — Leb wohl, wir sind geschieden! Geh!

Henriette (geht).

Neunter Auftritt.

Onkel Lestang. Madam Lestang.

O. Lestang. Mein Gott! — was gehen für Dinge vor. Ich weiß nicht wo ich anfangen soll —

Mad. Lestang. Ich fange ein neues Leben bei jedem Unrecht an, das ich gut zu machen habe. Onkel, umarmen wir uns von Herzen —

O. Lestang. Du Allmächtiger — Sie wollen mich umarmen?

Mad. Lestang. Sie tragen meines Mannes Herz im Busen, das Herz, dem ich von nun an allein lebe — das ich beglücken will — in jeder Laune, jedem Wunsche — Ach jedes Lebenszeichen, das von seinem Herzen ausgeht, ist Wohlwollen und reger großer Wille für das Gute! (Sie umarmt ihn.) Seyn Sie mein Freund!

Zehnter Auftritt.

Rath Wallnau, Julien am Arm. **Archivar Lestang, Marlng** am Arm. **Herr Seeland.**

Mad. Lestang (fliegt ihrem Manne entgegen). Ihr seyd alle gute Menschen, von allen der Einzige ist dieser, dieser; und er ist mein, mein! Ich danke Dir, Gott, für ihn, und wenn ich je seiner unwerth werden könnte — so straft mich mit Verachtung, ihr alle, an deren Liebe mir alles gelegen ist. (Sie reißt das Couvert auf, und steckt es in den Busen.) Dieß bleibt mein, daß ich mit jedem Augenblicke, wo ich Dich nicht sehe, Dein Bild darin verehre. (Sie gibt ihm den Brief) Das sey Dein — das reine Opfer meiner Treue!

Archiv. Lestang (küßt sie, zerreißt den Brief in Stücken und reicht sie ihr). Ich baue auf Dich!

Wallnau (präsentirt Julien). Madam Lestang. hier ist meine Tochter —

Mad. Lestang. Wie —

Maring (nimmt sie ihm weg). Madam Lestang, hier ist meine Frau!

Mad. Lestang. Mein Gott! —

Archiv. Lestang. Ja, ja!

Mad. Lestang. Ihre Tochter — Ihre Frau?

{**Wallnau.** Meine Tochter!
{**Maring.** Meine Frau!

Mad. Lestang (sieht alle an). Ihre Tochter? Ihre Frau? (Sie läuft mit Entzücken auf Julien zu.) Liebste Feindin, so küsse ich Sie von ganzer Seele, und will jede böse Stunde reichlich vergelten.

Seeland (zieht den Archivar Lestang in seine Arme). Lernt ihn ganz kennen. Ich bin heute daher gekommen, und habe ihn gebeten, daß er sich Mühe geben soll, Justizrath zu werden, ich bringe die Sache in Bewegung, er hat Lust dazu, geht aber hin und sucht die Stelle für seinen Freund Wallnau,. der sie freilich auch verdient und wohl erhalten wird.

Wallnau. Mein Gott! Du hast für Dich an diese Stelle gedacht?

Mad. Lestang. Lestang, das habe ich nicht gewußt.

Wallnau. Noch ich — so wahr —

Archiv. Lestang. Ich habe der Freundschaft und Liebe mein Wort gegeben, ich habe es gehalten; preiset mich glücklich, wenn mein guter Wille erreicht wird.

Wallnau. Freund ohne Gleichen — willst Du denn nie aufhören, mein dankbares Herz zu übertreffen?

Archiv. Lestang. Ach es bleibt immer ein großer Unterschied unter uns beiden. Ich halte wohl das, was ich versprochen habe, aber Du thust viel mehr als Du versprochen hast. Niemand hört davon reden, niemand belohnt es — Nimm den Handschlag des alten Freundes für alles, wovon ich hier nicht reden kann.

O. Lestang. Ist denn Herr Wallnau wirklich ein guter Mann? Es ist besonders, daß ich mir das nicht habe einbilden können!

Maring. Er ist von Treue und Glauben! Vetter, hier ist noch ein trauriger Umstand auszugleichen. Sie halten jedermann Wort, das ist wacker. Sie geben nicht jedermann Wort, das ist Recht. Ein Wort haben Sie nicht gegeben, das ist ein Vergehen.

Archiv. Lestang (betroffen). Welches?

Maring. Das Ehrenwort, daß Sie selbst glücklich seyn wollen. Ich fordere es hiermit Ihnen ab!

Alle. Wir Alle! Ihr Wort! Dein Wort!

Mad. Lestang (geht auf ihn zu und reicht ihm die Hand). Gib mir Dein Wort darauf.

Archiv. Lestang (legt seine Hand in die ihre). Ich gebe es!

Mad. Lestang. Nimm mein Wort, daß ich Dich innig liebe und lieben werde, so lange ich dieses Tages, und wie Du mir an diesem Tage erschienen bist, gedenken kann! Nimm mein treues Wort, für Zeit und Ewigkeit!

Archiv. Lestang (umarmt sie). Ich empfange es.

(Alle sammeln sich um sie her, der Vorhang fällt.)

Dienstpflicht.

Ein Schauspiel in fünf Aufzügen.

Personen.

Der Fürst.
Kammerherr von Falkenberg.
Zwei Jagdjunker.
Zwei Cavaliere.
Kriegsrath Dallner.
Hofräthin Rosen, Wittwe, seine Tochter.
Ernst, ihr Sohn.
Sekretär Dallner, ihr Bruder
Justizrath Listar
Sekretär Falbring
Bäcker Ehlers.
Baruch, Handelsjude
Wender, Leiblakai des Fürsten
Falbrings Bedienter
Unterofficier Gruner
Kanzleibote Brand

Erster Aufzug.

Zimmer in des Justizrath Listars Hause.

Erster Auftritt.

Der **Jude Baruch** sitzt schon im Zimmer **Sekretär Falbring** tritt ein

Falbring. Aha! Meister Baruch! treffen wir hier zusammen? Es ist ja schon gar zu lange, daß ich Ihn nicht gesehen habe!

Baruch. Guten Morgen, Herr Sekretär! (Er steht auf.) Ja sehr lange ist es her.

Falbring. Auch dem Justizrath die Cour machen, Herr Baruch?

Baruch. Ja – bei dem hilfts ach was! der geht grade durch!

Falbring. Ja es ist ein Ehrenmann, der Herr Listar, das ist wahr. Aber mit allem dem — ein gutes Wort findet eine gute Stelle.

Baruch. Warum nicht?

Falbring. Meister Baruch ist gescheidt, weiß sich zu drehen und zu wenden.

Baruch. Man muß wohl, wenn man vom Flecke will.

Falbring. Will Er in ein paar Stunden zu mir kommen, Baruch? Wir können einen Handel machen.

Baruch. Ist doch bei Ihnen nichts zu gewinnen.

Falbring. Das kann man nicht wissen.

Baruch. Was solls? Wollen Sie mir verdorbene Frucht aufhängen?

Falbring. Frucht? Wie käme ich dazu?

Baruch. Nu! — Sie und Companie — Haben Sie doch die Lieferung für die Armee und für die Lazarether!

Falbring. Ich war dabei interessirt. Das ist vorbei.

Baruch. Gratulire, wenns glücklich vorbei ist. Man sagt doch allerhand davon.

Falbring. Allerhand? Wie ist das?

Baruch. Was weiß ichs! Kriegsrath Dallner solls gewiß untersucht haben — alle Welt spricht davon.

Falbring. Hm! Es ist ein eigensinniger, wunderlicher Mann, der alte Dallner.

Baruch. Wunderlich? Ja! aber gewalts brav. Und die Soldaten brüllen wie die Löwen gegen den Bäcker Ehlers und Companie. Nu — Sie gehen ja ins Haus? bei die Dallners, meine ich.

Falbring. Ja, das thue ich; das hat auch seine Ursachen, warum ich hingehe.

Baruch. Ich weiß, ich weiß, von wegen der tausend Thaler, die Sie für die Meyerschen Kinder zu fordern haben. Nu — da läßt sich doch ein Wort mit den Leuten reden.

Falbring. Weßhalb?

Baruch. Was weiß ich? Wie haben Sie vorhin gesagt? — ein gut Wort findet eine gute Stelle! —

Zweiter Auftritt.

Vorige. Justizrath Listar.

Justizrath. Es ist mir leid, daß ich Sie habe warten lassen.

Falbring. Ich bin eben erst gekommen, Herr Justizrath!

Justizrath. Was gibts, Herr Baruch?

Baruch. Mit Erlaubniß — ich möchte gern allein mit Ihnen reden.

Justizrath (zu Falbring). Was wir zu reden haben, wird wohl bald abgethan seyn. Wollen Sie indeß — (Er deutet auf sein Zimmer)

Falbring. Mit Vergnügen! (Er geht hinein.)

Dritter Auftritt.

Justizrath. Baruch.

Justizrath. Nun?

Baruch. Da lesen Sie. (Er gibt ihm den Wechsel.)

Justizrath. Kriegsrath Dallner, mit Unterschrift des Sohns und der Tochter, suchen tausend Thaler aufzunehmen? —

Baruch. Ich soll sie schaffen. Kann ich sie schaffen?

Justizrath. Das muß Herr Baruch wissen.

Baruch. Ich meine so: S[illegible] gehen ins Haus, oft und viel. Sie müssen wissen, wie es steht? — Der alte Kriegsrath — brav ist er. Aber die braven Leute greifen nicht zu. Die Tochter, die Wittwe Rosen? ein liebes Kind. Aber — die zwei Augen sind auch ihr bestes Kapital. Der Sohn, der Sekretär — o weh!

Justizrath. Nun?

Baruch. Was weiß ichs? Er hängt da an der Wittwe Waldner. Die Schwester hat noch immer für ihn bezahlt. Aber es langt nimmer zu.

Justizrath. Geht das mich an?

Baruch. Ja! Wenn Sie ins Haus gehen als Bräutigam, müssen Sie wissen, wo Thaler liegen, und wo keine liegen.

Justizrath. Ich bin kein Bräutigam!

Baruch. Nu! Wann Sie es mal werden — So fragen Sie nur mich. — Die Schiffe fahren alle stolz mit Segel und Flagge daher — aber Ladung habe sie doch nich. Kai Ladung! — Nu, nu! mit dem Kapital — soll ichs wagen? —

Justizrath. Warum nicht?

Baruch. Sie wollen das Kapital damit abzahlen, das an der Vormundschaft fehlt, vom Schwiegersohn, mein' ich, vom verstorbenen Rosen, vom Hofrath.

Justizrath. Das geht mich nichts an.

Baruch. Nu, wenn das ist, so empfehl' ich mich!

(Geht ab.)

Vierter Auftritt.

Justizrath geht an das Zimmer. **Sekretär Falbring** kommt heraus.

Justizrath. Wollen Sie Platz nehmen?

Falbring (verneint es). Ich werde ganz kurz seyn, denn Ihre Zeit ist kostbar. — Da ich nun nach des seligen Hofrath Rosens Tode die Vormundschaft über die Meyerschen

Kinder habe antreten müssen, so kann und darf ich auch das Interesse dieser Kinder nicht vernachlässigen.

Justizrath. Gewiß nicht.

Falbring. Tausend Thaler Kapital — die fehlen einmal den Meyerschen Kindern an der Masse, wie sie mir von dem Schwiegervater des seligen Hofraths, dem Herrn Kriegsrath Dallner übergeben ist.

Justizrath. Richtig.

Falbring. Die Auszahlung der tausend Thaler an den Hofrath ist erwiesen.

Justizrath. Richtig! das ist sie.

Falbring. Und die tausend Thaler sind nicht da. Kein Schein, keine Obligation, keine Annotation ins Hausbuch — nichts gibt eine Auskunft, wo sie hingekommen sind. Sie gestehen doch, daß das unbegreiflich ist?

Justizrath. Der gute Mann starb so plötzlich, vielleicht hat er sie kurz vor seinem Tode ausgeliehen, und —

Falbring. Wahrscheinlich. Aber an wen? Die Frau weiß nichts. Der Schwiegervater, der alte Kriegsrath Dallner, weiß nichts. Auch der Schwager, der junge Dallner — sagt — daß er nichts wisse. — Es ist unbegreiflich — unbegreiflich! —

Justizrath. Die Wittwe —

Falbring. Sehen Sie — daß es der junge Dallner nicht weiß — das — begreife ich gar nicht.

Justizrath. Warum nicht?

Falbring. Da der Hofrath Rose ihm gewöhnlich alles gesagt hat — und er ihn sehr lieb gehabt hat. Sehr lieb — so —

Justizrath. Inzwischen weiß er es doch nicht.

Falbring. Ja, so sagte er —

Justizrath. So ist es. Er ist ein Mann von Ehre —

Falbring. Natürlich! Natürlich! — von Ehre — und von einem vortrefflichen Herzen. Ein gutdenkender, wohlthätiger Mensch, der ein zärtliches Herz hat für Wittwen und Waisen. — Wenn er nur dadurch nicht selbst leidet.

Justizrath. Wie so?

Falbring. Wenn er sich entblößte und selbst leiden sollte, das wäre traurig. So ist da z. B. die Wittwe Waldner, zu der er denn fleißig ins Haus geht, an der er viel thut — denn er erhält sie mit Kind und Kegel, hat auch des Mannes Receß bezahlt, sonst wären sie alle von Stuhl und Bank gejagt — die mag er auch für eine ehrliche Frau halten.

Justizrath. Gewiß, sonst ginge er nicht hin.

Falbring. Ach, das ist leichte Waare, Herr Justizrath! — die kosten ihm schweres Geld.

Justizrath. Das ist die Sache seiner Ueberzeugung und seines Beutels!

Falbring. Seines Beutels, ja, ja!

Justizrath. Also — was verlangen Sie von mir?

Falbring. Daß Sie doch der Familie einreden, daß sie es mir nicht zurechnen, daß ich auf der Zahlung der tausend Thaler für meine Mündel bestanden bin.

Justizrath. Wer kann Ihnen übel deuten, daß Sie thun, was Sie nicht unterlassen dürfen?

Falbring. Mir ist es so leid —

Justizrath. Aber ob die Frau in die Verbindlichkeit ihres Mannes wird treten wollen; ob sie nicht ihr Eingebrachtes fordern wird?

Falbring. Hm — das war gering. — Aber rathen Sie ihr, daß sie nicht darauf bestehet. Mein Herz leidet freilich, wenn ich daran denke, wie die arme junge Frau dadurch ihr bischen

Habe verliert, oder Abzug an der kleinen Pension wird leiden müssen.

Justizrath. Das wäre denn doch nicht zu ändern, wenn sie bezahlen soll.

Falbring. Und daß des guten seligen Hofraths Accuratesse so ins schlechte Licht geräth. Denn sehen Sie, mit dem Kapital ist und bleibt es wahrhaftig unbegreiflich — unbegreiflich! —

Justizrath. Und so denke ich — zerbrechen wir uns den Kopf nicht mit dem, was wir nicht ergründen können.

Falbring. Da haben Sie Recht — derjenige aber, der das Geld hat, und meldet sich nicht, und läßt die liebe junge Frau in der Verzweiflung — wenn man ihn wüßte — mit dem sollte man kein Mitleiden haben.

Justizrath. Da man ihn aber nicht weiß —

Falbring. Wahrhaftig, wenn man Vermuthungen hätte —

Justizrath. Haben Sie Vermuthungen? —

Falbring. Hm — nein! Wenn ich aber welche bekomme, so werde ich der Spur folgen

Justizrath. Daran thun Sie recht.

Falbring. Unablässig werde ich ihr folgen; deßhalb rathen Sie der Frau, daß sie kein Eingebrachtes fordere. — Sie haben Geschäfte — ich will mich nicht aufhalten. Gehorsamster Diener!

(Er geht, der Justizrath begleitet ihn aus der Thür, kehrt zurück und geht in sein Zimmer.)

Fünfter Auftritt.

Es verwandelt sich in des Kriegsrath Dallners Haus.

Madam Rosen sitzt an einem Tische und näht, neben ihr **Ernst** und schreibt. Hernach **Sekretär Dallner.**

Mad. Rosen. Die Reihe wird wieder schief.

Ernst (gibt ihr die Hand). Die andre soll besser werden.

Mad. Rosen. Wir wollen sehen.

Ernst (schreibt). Der erste Buchstabe ist schön! — (Er zeigt ihr das Buch.) Sieh doch!

Dallner (tritt ein). Guten Morgen, Schwester!

Mad. Rosen Gehst Du schon aus?

Dallner. Auf die Kanzlei.

Mad. Rosen (steht auf und geht vor). Was fehlt Dir?

Dallner. Hm! —

Ernst. Onkel! ich schreibe wieder große Buchstaben.

Mad. Rosen (nach einer Pause). Hörst Du nicht? —

Dallner (zerstreut). Was?

Mad. Rosen. Ernst hat Dir gesagt, daß er wieder große Buchstaben macht.

Dallner (gezwungen lächelnd). Das ist gut.

Mad. Rosen. Liegt der kleine freundliche Knabe Dir gar nicht mehr am Herzen? (Sie holt ihn.) Frag den Onkel, ob er gar nicht mehr an Dich denkt?

Dallner (hebt ihn auf und küßt ihn mit Ungestüm) Unzähligemale! Wachend und träumend. Du bist ein Gläubiger, der schrecklich mahnt. (Er setzt ihn von sich.) Aber ich will Dich bezahlen, so wahr ich ehrlich bin!

Mad. Rosen. Bruder!

Dallner. Und kann ich Dich nicht bezahlen, so will ich Dir Genugthuung geben. Das schwöre ich Dir!

Ernst. Was bist Du mir denn schuldig? — Ich habe Dir ja nichts gegeben.

Dallner. Ich habe Dir genommen, mein Kind!

Mad. Rosen. Lauf hin, sage dem Großvater einen guten Morgen.

Ernst. Hernach schreibe ich doch wieder?

Mad. Rosen. Ja, mein Kind!

Ernst. Wieder große Buchstaben? Ja, ich mache große Buchstaben. (Er läuft fort.)

Sechster Auftritt.

Madam Rosen. Sekretär Dallner.

Dallner. Das Kind arbeitet zu viel.

Mad. Rosen. Der Vater wünscht es so.

Dallner. Die Geisteskräfte werden mit Treibhauskünsten in die Höhe getrieben, daß alle Körperkraft dabei zu Grunde gehen muß; den ganzen Tag wird das Kind erinnert, gemeistert, gelehrt Was ist die Folge davon? Ein Knechtssinn, der immerdar bleibt.

Mad. Rosen. Ich will schon einlenken.

Dallner. Eine Furcht, eine Zurückhaltung — die — später hin noch die traurigsten Folgen hat — so geht mir es.

Mad. Rosen. Aber deßhalb bist Du doch seit einiger Zeit nicht so unmuthig?

Dallner. (Pause.) Wer weiß.

Mad. Rosen. Drücken Dich Schulden?

Dallner. O Gott, ja!

Mad. Rosen. Immer noch?

Dallner. Und wenn ich Dir bezahlen könnte, was Du für mich gegeben hast — kann ich dann sagen: ich hätte abgetragen, was ich Dir schuldig bin? Deine Aufopferungen, Deine Entsagungen, die marternden Verlegenheiten, die Du mit meinem Vater deßhalb hast. O Marie!

Mad. Rosen. Ich verschenke nichts, Ernst ist an Dich gewiesen. Er wird einst Thorheiten begehen, auch er wird Leidenschaften haben, er wird der Stütze bedürfen — dann zahle wieder mit Nachsicht, mit Geduld, mit That!

Dallner. Wenn ich daran denke, daß Deine kleine Besoldung Dich erhält, und noch meine Thorheiten gut machen mußte? Marie, ich bin Deiner nicht werth!

Mad. Rosen. Wenn die Wittwe Waldner nur alles das werth ist, was Du für sie thust?

Dallner. Sie ist unglücklich.

Mad. Rosen. Ist sie es ohne alle Schuld? Würdige Leute halten sie für eine Kokette —

Dallner. Würdige Leute haben oft sehr wenig Menschenkenntniß, und urtheilen nach dem Schein!

Mad. Rosen. Auch der Schein sollte nicht gegen sie seyn.

Dallner. Sie sollte also immer weinen, immer klagen, die Augen nie aufheben? Dann würde ich ihr gerade am wenigsten trauen.

Mad. Rosen. Ich breche ab. Aber sage mir — weiß ich Deine Schulden nun alle?

Dallner. Daß ich keine mehr machen werde, schwöre ich bei Gott! ich thue auch nichts mehr für die Wittwe. Mein Gewissen schreibt mir dringendere Pflichten vor.

Mad. Rosen. Was bist Du noch schuldig? — Helfen kann ich freilich nicht — aber —

Dallner. Ach Marie!

Siebenter Auftritt.

Vorige. Kriegsrath Dallner. Ernst.

Kriegsrath. Ei, ei, mein Sohn! An die Arbeit!

Dallner. Es ist noch früh, lieber Vater!

Kriegsrath. Die Arbeiter, die so auf den Glockenschlag passen — die sind mir die rechten. Ehe die Stunde anfängt, muß man ruhig gesammelt und kalt — am Arbeitstisch da sitzen. Wenn die Uhr das erstemal anschlägt — zur Feder greifen — und dann in Gottes Namen fort. Es wird indem neun Uhr voll schlagen — geh an Dein Geschäft, mein Sohn!

Dallner (geht ab).

Achter Auftritt.

Vorige ohne Sekretär Dallner.

Kriegsrath (zu Ernst) Wie geht Deine Schreiberei von statten, Kleiner?

Ernst (holt das Schreibbuch) Gut, Großvater.

Kriegsrath. Ei, ei! — Wie steht der Buchstabe da? Diesen meine ich. Dieses A.

Ernst (sieht hin). A? — Der steht schön da.

Kriegsrath. Der steht schief da. — So steht er: (Er stellt sich auf ein Bein). Sieh — so lehnt er sich an den andern Buchstaben. Das kann ich nicht leiden. Ein wohlgemachter Buchstabe und ein rechtlicher Mensch — die müssen allein stehen können und sich nirgend anlehnen. — Du darfst ihm keine Vorschriften mehr machen, meine Tochter, er muß einen Schreibmeister bekommen.

Ernst. Mama schreibt schön.

Kriegsrath. Du hast sparen wollen, ich weiß es wohl; aber dabei muß mans nicht. Weiber schreiben wohl eine schöne Hand, aber keine feste Hand. (Er will gehen.)

Neunter Auftritt.

Vorige. Unterofficier Gruner den Arm in der Binde und gebrechlich.

Kriegsrath. Guten Morgen, Herr Gruner — wie steht es mit der Pension? War Er bei dem geheimen Kriegsrath Dositz, was hat er geantwortet?

Gruner. Wie das vorigemal, wie allemal — ich kriegte keine Pension.

Kriegsrath. Hat er sonst nichts gesagt?

Gruner. Ich wäre ein Plauderer, hat er gesagt —

Kriegsrath. Das ist nicht wahr.

Gruner. Meine Attestate taugten nichts —

Kriegsrath. Das ist nicht wahr.

Gruner. Es wären Männer da, die es nöthiger brauchten.

Kriegsrath. Das ist nicht wahr.

Gruner. Er hat mir einen Gulden geben wollen, den habe ich nicht genommen.

Kriegsrath. Recht, Herr Gruner, damit bezahlt man einen verstümmelten Körper nicht.

Gruner. Meine alte Frau — meine Kinder — wenn die nicht wären — eine Kugel schösse ich mir durch den Kopf.

Kriegsrath. Das ist gottlos gedacht, alter Mann, schäme Er sich.

Gruner. Der Mann will mich von der Pension stoßen, weil er sie dem Korporal Lebrecht verschaffen will. Dienen kann der auch nicht mehr, das ist wahr. Aber er hat seinen Arm in des Kriegsraths Gartenarbeit gebrochen. Meinen Arm hat eine Kartätschenkugel im Dienst des Herrn getroffen.

Kriegsrath. Darum muß der Herr Ihm helfen.

Gruner. Auch hat er mich einen Verleumder gescholten, weil in meiner Bittschrift angeführt ist, daß ich eigentlich durch die schlechte Verpflegung im Lazareth zum Dienst untauglich geworden bin.

Kriegsrath. Das ist Wahrheit.

Gruner. Der Fürst ist nicht Schuld daran, er gibt genug. Auch die Generale nicht. Aber die mit der Lieferung zu thun haben, die Betrüger morden uns.

Kriegsrath. Das ist Wahrheit.

Gruner. Sage ich das allein? Das sagen wir alle.

Kriegsrath. Und der Fürst soll es erfahren, das ist meine Pflicht.

Gruner. Es sind gar zu viele dabei interessirt.

Kriegsrath. Das kümmert mich nicht. Gehe Er auf die Parade und rede Er den Fürsten selbst an.

Gruner. Soll ich das wagen?

Kriegsrath. Er hat mit dem Säbel für Seinen Herrn gewagt — wage Er nun auch mit dem Munde für sich.

Gruner. Ich will es thun.

Kriegsrath. Stelle Er alles vor, und dann bringe Er mir die Antwort.

Gruner. Wenn Sie nicht wären, Herr Kriegsrath.

Kriegsrath. Adieu, Herr Gruner.

Gruner. Gott wirds lohnen. (Geht ab)

Zehnter Auftritt.

Kriegsrath Dallner. Madam Rosen. Ernst.

Mad. Rosen. Lieber Vater — ich glaube — Sie stehen nicht gut mit dem geheimen Kriegsrath Dositz.

Kriegsrath. Was hat das auf sich? Ich stehe gut mit mir. Darauf kommts an

Mad. Rosen. Sie nehmen sich des Unglücklichen zu lebhaft an.

Kriegsrath. Deßwegen hat mich Gott auf die Welt, und der Fürst in Eid und Pflicht genommen.

Mad. Rosen. Wenn es Ihnen nur keine Verdrießlichkeiten zuzieht.

Kriegsrath. Man thut, was man zu thun hat, und stellt das übrige Gott anheim.

Mad. Rosen. Seit einigen Tagen sehe ich Sie so nachdenkend, so besonders ernsthaft.

Kriegsrath. Das kann wohl seyn.

Mad. Rosen. Soll mich das nicht beunruhigen, lieber Vater?

Kriegsrath. Nein! — Man kämpft sich auf der Welt zwischen Mühseligkeiten und Thorheiten hindurch. Wenn beide uns nicht von der geraden Linie werfen, so haben wir das unsrige gethan. Von der geraden Linie ab bringt mich nichts! Also sey ruhig! Kleiner, hübsch fleißig, gehabt Euch wohl! (Geht ab.)

Eilfter Auftritt.

Madam Rosen Ernst.

Ernst. Mutter! — Was hat der Großpapa da von der geraden Linie gesagt? —

Mad. Rosen. Du sollst auch so, wie er, bei Deinen Buchstaben auf der geraden Linie bleiben.

Ernst. Mache mir eine gerade Linie, Mutter!

Mad. Rosen. Heute schreibst Du nicht mehr. Du liesest.

Ernst. Aus dem Buche mit den Geschichten?

Mad. Rosen. Ja, wenn Du mir daraus recht hübsch vorlesen kannst, so schenke ich Dir allerlei ausgeschnitzte Thiere. Wenn Du mir aber auch erzählen kannst, was Du gelesen hast, so schenke ich Dir das Bild von einem guten Manne, und erzähle Dir, wer er ist, und was er gethan hat.

Ernst. Behalt die Thiere, ich will den Mann haben.

Mad. Rosen. So mußt Du recht fleißig seyn.

Ernst. Darf ich im Garten lesen?

Mad. Rosen. O ja!

Ernst (läuft singend fort). Den guten Mann kriege ich, den guten Mann! (Von der Gassenseite her kommt der Justizrath.)

Zwölfter Auftritt.

Der Justizrath Listar. Madam Rosen.

Justizrath. Ihr Diener!

Mad. Rosen. Wir haben Sie lange nicht gesehen, Herr Justizrath!

Justizrath (verbeugt sich). Werden wir hier eine Weile allein reden können?

Mad. Rosen. O ja!

Justizrath. Deßhalb komme ich so früh. Sie sind eine gute — gutmüthige Frau.

Mad. Rosen. Ich thue was ich kann —

Justizrath. Sie thun mehr als Sie können, und das ist unrecht.

Mad. Rosen. Wie meinen Sie das?

Justizrath. Gut, wahrlich gut. Nehmen Sie es auch gut auf?

Mad. Rosen. Von ganzer Seele.

Justizrath (nach einer Pause). Sie können vielleicht nicht umhin, die tausend Thaler zu ersetzen, welche an dem Vermögen von Ihres Mannes Mündeln fehlen. Ihr Eingebrachtes — ·

Mad. Rosen. Ich weiß es, aber ich kann das Andenken meines Mannes nicht kränken lassen. Mein Vater hat meinem Bruder auch schon aufgetragen, auf eine ausgestellte Obligation, von uns dreien unterschrieben, das Kapital aufzunehmen, um gleich damit an den Sekretär Falbring die Summe abzutragen.

Justizrath. Ich habe zwölf hundert Thaler Kapital. So viel könnte ich Ihnen leihen. Wollen Sie es von mir annehmen?

Mad. Rosen. Herr Justizrath —

Justizrath. Aber Sie müssen zwölf hundert Thaler nehmen. Ich vereinzelne das Kapital nicht. Ich will auch keine Unterschrift als von Ihnen! —

Mad. Rosen. Sie beschämen mich —

Justizrath. Lassen Sie Sich gefallen, zwei und ein halb vom Hundert zu bezahlen.

Mad. Rosen. Ich danke Ihnen auch dafür.

Justizrath. Erlauben Sie, daß ich das Geld dahin lege. (Er legt ein paar Rollen Geld auf den Tisch.)

Mad. Rosen. Womit verdiene ich diese zuvorkommende Güte?

Justizrath. Ei, ich bin ja ein alter Freund vom Hause.

Mad. Rosen. Bei Verlegenheiten scheiden sonst unsere Freunde.

Justizrath. Dann sind sie nicht Freunde.

Mad. Rosen. Oder setzen Preise auf ihre Freundschaft —

Justizrath. Die sind Wucherer.

Mad. Rosen. Wer so wie Sie —

Justizrath. Machen Sie nicht mehr aus der Sache als sie werth ist, Ich kenne Sie; ich kenne Sie lange. Ich habe Pflichten gegen Sie.

Mad. Rosen. Pflichten — lieber Herr Listar?

Justizrath. Sorgen Sie nicht — ich verlange nichts dagegen. Ich verehre Sie recht herzlich - dabei befinde ich mich wohl, das ist alles.

Mad. Rosen. Ich verdiene diese Güte nicht, aber ich empfinde sie.

Justizrath. Meine Freundschaft soll Sie nie in Verlegenheit setzen. Ich verlange nichts. Ich bitte nur um die Erlaubniß, um Ihr Wohl, Ihre Ruhe mich bekümmern zu dürfen — darf ich das?

Mad. Rosen. Ich kann Ihnen nicht antworten.

Justizrath. Ich danke Ihnen — ich danke Ihnen. — Freimüthig also — Sie haben für Ihren Bruder schon vieles gethan. Heute werden Sie wohl noch einmal für ihn zahlen müssen. Thun Sie es aber künftig nicht mehr. Sie sind Mutter! Sie dürfen das nicht.

Mad. Rosen. Verkennen Sie meinen Bruder nicht. Er ist zu ängstlich erzogen, wurde mit so wenigem auf die Universität geschickt, kam mit Schulden zurück. Wenn der Vater wüßte, daß mein Bruder Schulden hat, er würde ihm das nie verzeihen.

Justizrath. Mit Recht.

Mad. Rosen. Es würde den alten festen Mann tödtlich kränken. Sie kennen ihn — ein Schritt vom Wege ab — oder hundert — eins dünkt ihm so sträflich wie das andere.

Justizrath. Es ist auch fast eins!

Mad. Rosen. Er würde — ach mein Herr — wir fürchten ihn; aber wir lieben ihn noch mehr! — So sind auf meines Bruders Seite über seine Ausgaben Geheimnisse entstanden.

Justizrath. Die nicht seyn sollten.

Mad. Rosen. Die Sorge, unsern guten Vater zu kränken —

Justizrath. Der Mann von Ehre hätte auch die Schwester nicht gekränkt. Ihr Bruder verdient nicht, was Sie für ihn gethan haben.

Mad. Rosen. Dankbar ist mein Bruder.

Justizrath. Nein, Madam!

Mad. Rosen. Wie er auch gefehlt haben mag – dankbar ist er gewiß.

Justizrath. Wer das Andenken seines Schwagers der Schande preis gibt, die Thränen seiner Schwester für den Preis mitgibt, wie er, der ist — nicht dankbar.

Mad. Rosen. Sie glauben —

Justizrath. Ich fürchte, daß die tausend Thaler, die in Ihres Mannes Berechnung fehlen –

Mad. Rosen. Reden Sie nicht —

Justizrath. Ja, Madam, ich fürchte —

Mad. Rosen. Ich bitte, reden Sie nicht aus (sie nimmt das Geld), auf diese Art kann ich Ihre Schuldnerin nicht werden — Herr Justizrath, nehmen Sie zurück — und glauben Sie, Sie werden meinen Bruder besser kennen lernen.

Justizrath. Der Handel unter uns ist ja abgethan.

Mad. Rosen. Für Hülfe und Nachsicht hätte ich den Schuldschein mit dankbaren Thränen unterschrieben. Hülfe und Kränkung — kann ich ja nicht unterzeichnen.

(Sie geht ab und läßt im Gehen die zwei Geldrollen in den Hut gleiten, den Listar im Arme hält.)

Dreizehnter Auftritt.

Justizrath allein.

(Nach einer Pause.)

Wieder abgewiesen, und war doch gut gemeint. Warum gelingt mir doch gar nichts? (Er nimmt die Rollen in die Hand, und wirft sie unmuthig hin und her, wodurch die größere auf den Boden fällt.) Hm, mein guter Wille ist auch auf den Boden gefallen (Er spielt in Gedanken mit dem Stock an der Rolle.) Du hast mir noch wenig Freude gemacht — dummer Götze, den alles anbetet. (Er hebt den Stock etwas, daß die Spitze auf das Geld hinfällt.) Hier wirft man dich aus dem Hause und mich mit.

Vierzehnter Auftritt.

Sekretär Falbring tritt ein, und bleibt an der Thür stehen.

Justizrath (schlägt unwillkürlich noch einmal auf das Geld, mit einem Seufzer sagt er). Und mich mit!

Falbring (geht vor). Was — in aller Welt —

Justizrath (ohne überrascht zu seyn). Nun? — Was gibts? —

Falbring. In Unterredung mit — einem Geldbäufschen?

Justizrath. Nun ja!

Falbring. Das ist, nehmen Sie mir es nicht übel (er lacht), doch sonderbar. Wollen Sie das Geld da liegen lassen?

Justizrath (steckt die kleine Rolle ein, und hebt die andere vom Boden auf). Nein, denn es ist nicht mein.

Falbring. Nicht Ihre? und lag doch da? Hier im Hause ist man doch nicht so reich, daß man das Geld auf dem Boden herum werfen könnte!

Justizrath (wichtig). Hier im Hause ist man zum Theil sehr reich.

Falbring (geheimnißvoll). Was Sie sagen!

Justizrath. Denn man ist hier im Hause zum Theil sehr arbeitsam.

Falbring. Ja so! Haha! Sie meinen den gottseligen Reichthum! damit kauft man wenig.

Justizrath. Aber man erhält viel damit.

Falbring. Ach ja! Das Stückchen Reichthum also, was da auf der Erde lag —

Justizrath. Das kommt in Ihre Hände.

Falbring. In meine Hände?

Justizrath. Nehmen Sie, es sind die tausend Thaler, die Ihren Mündeln gehören. Madam Rosen hat mir sie gegeben, und mir aufgetragen, sie auszuzahlen Schicken Sie ihr die Quittung. Da — nehmen Sie.

Falbring (nimmt das Geld). So so! — Nun da haben Sie also vorhin etwa so allerlei Reflexionen über das Geld, über die Geschichte mit dem Kapital gemacht? Gestehen Sie — ich habe es errathen.

Justizrath. Allerdings! Ich dachte — wenn ich Ihr Geld hätte — was ich gegen die gute Frau thun würde. Das dachte ich!

Falbring. Und wie Sie an mich dachten, schlugen Sie das Geld — der Schlag galt also mir?

Justizrath. Das weiß ich nicht. Es war der Unmuth eines armen Mannes, daß sein Geldbeutel nicht mit dem Herzen gleichen Schritt halten kann.

Falbring. Sie wissen ja nicht, was ich noch thun kann? Erst muß das Recht ausgeführt seyn, das Waisenrecht; denn das ist heilig. Nun das geschehen ist — nun — läßt sich mehr reden. Madam Rosen ist Wittwe — ich bin ledig — Bedingungsweise — bin ich entschlossen.

Justizrath. Sie zu heirathen?

Falbring. Ja, wenn sie —

Justizrath. Also Sie wollen die Wittwe heirathen?

Falbring. Bedingungsweise.

Justizrath. Wenn ich Vermögen hätte, käme ich Ihnen zuvor.

Falbring. Auch ohne Vermögen — wie Sie von Sich zu sagen belieben wollen — würden Sie vielleicht mir vorgezogen. Ich will auf keine Weise Ihr Glück stören. Wenn Sie also —

Justizrath. Meublen auf Versteigerungen tritt man sich wohl aus Höflichkeit ab, Weiber nicht.

Falbring. Sie sind es ja, der mir seine Wünsche abtreten will. Oder vielleicht haben Sie schon Rechte auf die Wittwe?

Justizrath. Ganz und gar keine. Vom Glück der guten Frau ist die Rede. Die Versorgung, die Sie anbieten können, kann ich nicht geben. Meine Wünsche — gehen Ihnen und der Wittwe nichts an. Ich opfere sie dem Glück der Frau und ihres Kindes. Aber — halten Sie Wort — machen Sie beide glücklich. Leben Sie wohl!

(Geht ab.)

Falbring. Was so ein altes Herz noch für Rumor machen kann! Ich wette, der weint noch sein Thränchen? Die Auszahlung — ist mir indeß sehr fatal. Da haben sie mir die Kneipzange aus der Hand genommen. Ich muß also wohl mit der Heirathsproposition aus der Ferne anrücken, um dem alten Bären die Lieferungs-Inquisition aus den Händen zu rücken.

Fünfzehnter Auftritt.

Sekretär Falbring. Madam Rosen.

Falbring. Nun liebe Frau Hofräthin — mich gehorsamst zu bedanken.

Mad. Rosen. Wofür?

Falbring. Für die Auszahlung der tausend Thaler.

Mad. Rosen. Die Auszahlung —

Falbring. Die mir Herr Listar in Ihrem Namen geleistet hat.

Mad. Rosen. Hat Er bezahlt? —

Falbring (zeigt die Rolle). Die Quittung soll gleich folgen. Mir ist es leid, daß Sie den Verlust haben. Ja, wenn ich den Taugenichts herausbringe, der Sie so martert —

Mad. Rosen (seufzt). Die Sache ist ja nun abgethan.

Falbring. Wenn ich ihn herausbringe, so soll es Ihnen an Genugthuung nicht fehlen. — Nun — heute werden der Herr Vater auch wieder einen heißen Tag haben?

Mad. Rosen. Wie so?

Falbring. Da hat er etwas angefangen — was ich wollte, daß er nicht gethan hätte; was er hätte gehen lassen sollen, wie es geht.

Mad. Rosen. Was ist das?

Falbring. In der Hauptlieferung für die Armee, welche der Bäcker Ehlers entreprenirt hat, haben jetzt vor der Kriegskanzlei die Rechnungen abgehört, geschlossen — und die Reste ausbezahlt werden sollen. Da ist er — er ganz allein aufgestanden —

* Nicht als ob er die Kriegskanzlei für unehrlich erklärte, sondern weil er die Sache erst untersucht und die Unterschleife erfahren hatte.

und erklärte die Entrepreneurs für Betrüger. — Er hat allerlei Zeugen abhören lassen — mit Einem Wort, die Zahlung ist aufgeschoben. Nun verlangt er noch Untersuchung und Bestrafung —

Mad. Rosen. Hat er darin Unrecht?

Falbring. Das kann ich nicht wissen. Aber das weiß ich, daß bei der Lieferung sehr bedeutende Leute interessirt sind.

Mad. Rosen Bedeutende Leute sollen auch bedeutend handeln.

Falbring. Genug — ich kenne die Welt. Folgen Sie mir. Reden Sie ihm ein, daß er die Sache fahren läßt. Er kann ja doch nicht alle Hügel ebnen.

Mad. Rosen. Ueber Geschäfte redet er nicht mit mir.

Falbring. Solche Sachen gehen oft weiter als man anfangs denkt. Verhüten Sie nur Unglück. Erstens haben der Herr Vater kein Vermögen —

Mad. Rosen. Selbstgefühl! Dieß Vermögen ist unschätzbar, und wird nie Bankerott leiden

Falbring. Ganz recht — das sind die Empfindungen einer schönen Seele. Aber das menschliche Leben —

Mad. Rosen. Ist ohne diese Empfindung — der Rede nicht werth.

Falbring. Ach Madam — das sind schöne Gefühle — denen ich gerne mein Glück und Leben anvertrauen möchte. Ja, Madam, meine Hand, mein Vermögen biete ich Ihnen an. Das liebe kleine Kind will ich zum Erben einsetzen.

Mad. Rosen. Mein Herr —

Falbring. Das will ich. Aber eben deßhalb eifere ich gegen des Herrn Vaters Unternehmen. Denn bedenken Sie selbst, wenn der Herr Vater Händel anfangen, und sich dadurch mit den erstern Häusern entzweien — und in Verdrießlichkeiten gerathen, darein ich als Schwiegersohn mit verwickelt würde, so macht mir das natürlich ein Bedenken. Ich bin ein ehrlicher Mann, und biete Ihnen an, was manche Menschen Glück nennen — bin ich Ihnen nicht zuwider, so bewirken Sie, daß der Herr Vater die Sache gehen läßt, die ohnehin schon eingeschlafen war; alsdann — haben Sie über meinen Antrag zu entscheiden.

Mad. Rosen. Auf meines Vaters Geschäfte — kann ich nicht wirken.

Falbring. Thun Sie, was Ihnen rathsam dünkt — aber das sage ich Ihnen — die Sache geht weit. Denken Sie an mich —

Mad. Rosen. Ich bin ruhig und guten Muths bei allem was mein Vater unternimmt.

Falbring. Auch wenn ihm sein Betragen die fürstliche Ungnade zuziehen sollte.

Mad. Rosen. Unser Fürst ist ein gerechter Mann.

Falbring. Er ist allemal ein Mensch!

Mad. Rosen. Dann bleiben uns Freunde —

Falbring. O lieber Gott, sobald die fürstliche Ungnade deklarirt würde, kein einziger.

Mad. Rosen (lächelnd). Nun — Sie? — Sie blieben uns doch?

Falbring (verlegen). Wie befehlen Sie? —

Mad. Rosen. Ich denke — Sie überheben mich der Verlegenheit, auf Ihren Heirathsantrag zu antworten. (Sie empfiehlt sich.)

Falbring (geht an der andern Seite fort). Wir sind noch nicht am Ende!

Zweiter Aufzug.

In des Sekretär Falbrings Hause.

Erster Auftritt.

Sekretär Falbring. Der Jude Baruch.

Falbring (packt Geldsäcke in einen Koffer). Ihr sollt mir fort. Gehe es dann, wie es wolle; so ist doch auf alle Fälle der Apfel für den Durst gerettet.

Baruch. Nu — da bin ich.

Falbring. Ei, ei! Baruch Lieb — wie gehts?

Baruch. Wie gehts? Hm! Wie die Zeit will; ich gehe mit der Zeit.

Falbring. Also mit der Welt? nun und wie geht die Welt mit Euch um?

Baruch. Die Welt und ich sind von einerlei Farbe, changeant!

Falbring. Changeant! So? — Nun — spielt Ihr heut ins Dunkle oder ins Helle?

Baruch. Aus dem Silbernen ins Goldene, und umgekehrt, Aber was wollen Sie von mir? Es wird Mittag.

Falbring. Nun, fürs baare Geld ißt Meister Baruch wohl auch einmal eine Stunde später?

Baruch. Nein, keine Minute später.

Falbring. Was der Teufel!

Baruch (ernstlich). Nein, keine Minute! Fürs Geld lauf' ich und renn' ich genug; aber alles hat seine Zeit. Wer beim Essen die Zeit sparen will, der verliert zwanzig Procent am langen Leben. Um zwölf Uhr setz' ich mein Käppchen auf und esse; es mag kommen, was da will — ich esse.

Falbring. Nun, habt Ihr schlesische Leinwand?

Baruch. Warum nicht? Aber — was soll die Leinwand vorstellen? Soll nicht etwa der Angel seyn, womit Sie den Baruch fangen wollen? So wahr mir Gott helfen soll, ich beiße nicht an den Angel!

Falbring. Kurz und gut, wollt Ihr mir für dreißig Louisd'or einen wichtigen Dienst leisten?

Baruch. Warum nicht? Was solls seyn?

Falbring. Ihr kennt doch den Bäcker Ehlers?

Baruch. Wer kennt nicht den reichen Bäcker Ehlers? Er wird aufgegriffen.

Falbring. Wer?

Baruch. Bäcker Ehlers! Die Kriegskanzlei läßt ihn aufgreifen. Heut noch.

Falbring. Baruch, Ihr müßt einen Meisterstreich machen. Der Kerl — Gott weiß wie — hat einmal einen Plan zu einer Lieferung von mir begehrt — er hat ihn von meiner Hand geschrieben.

Baruch. Einen Plan, wie man liefert? Ei! Einen Plan wie man nicht liefert, werden Sie geschrieben haben.

Falbring. Nun laß das gut seyn! Das Papier hätte ich gern wieder in meine Hände.

Baruch. Au weh!

Falbring. Er will mir es nicht geben.

Baruch. Ich gäbs auch nicht.

Falbring. Das Papier kann mir viel schaden, und dem Bäcker Ehlers hilft es nichts.

Baruch. Nu — wer hat nicht gern Companie? In Companie gewonnen — in Companie zerronnen.

Falbring. Fünfzig Louisd'or, wenn Du mir das Papier schaffen kannst!

Baruch. Man kanns schaffen — ja! der Ehlers ist gar dumm.

Falbring. Aber bald —

Baruch. Gewiß bald. Wenn sie den Ehlers aufgreifen, greifen sie die Papiere ja mit. Nu — ich geh — Noch eins! das Ding geht Sie ja näher an, als mich. Dallner, der alte Dallner — sucht tausend Thaler —

Falbring. Nun nicht mehr!

Baruch. Der Sohn war bei mir — da — da ist die Verschreibung.

Falbring. Der Sohn? —

Baruch. Das Geld ist ja für Sie! Von wegen der Vormundschaft?

Falbring (nachdenkend). Hm! — Das ist des alten Dallners Hand. Der Sohn war

Baruch. War bei mir!

Falbring. Ich will die tausend Thaler hergeben, zu vier Procent

Baruch. Da muß der Schuh drücken. Sonst nehmen Sie nicht weniger als sechs.

Falbring. Aber da ich kein Geprahle will, so zahle Er es dem Sohne aus.

Baruch. Dem Sohne? Wie kommen Sie mir vor? Wasser in ein Sieb?

Falbring (holt das Geld). Da sind tausend Thaler. Wo ist die Verschreibung?

Baruch (gibt sie).

Falbring. Gebt das Geld dem Sohne. Er ist wohl freilich leicht, aber ein Mann von Ehre, und wird es dem Vater zustellen. Nun aber gleich zu Ehlers.

Baruch. Herr Ehlers wird gesetzt, Sie werden sehen.

Falbring. Gesetzt?

Baruch. Ins Zuchthaus. Warum? Lieferungen hat er gethan, daß den Soldaten die Haare ausgefallen, die Bäuche aufgeschwollen sind — Ich krieg das Papier — Sie werden sehen! (Geht ab.)

Falbring. Diese Verschreibung kann mir treffliche Dienste leisten.

Zweiter Auftritt.

Falbring. Bedienter.

Bedienter. Vom Herrn geheimen Kriegsrath Dositz.

Falbring. Ist noch jemand da?

Bedienter. Nein.

Falbring. Gut.

Bedienter (geht ab)

Falbring. Laß sehen. (Er liest.) „Freund! der alte Dallner ist durchgedrungen. Es ist Arrest auf den Bäcker Ehlers erkannt, und Wegnahme der Papiere. Eine Stunde kann ich diese noch aufhalten — Verfluchter Streich —

(Er schellt, der Bediente kommt wieder.)

Bedienter. Befehlen Sie was?

Falbring. Lauf dem Juden nach. Sag ihm, wenn ich das Bewußte in einer halben Stunde aufs längste nicht hätte, so wäre es zu spät.

Bedienter. Sehr wohl.

Falbring. Hast Du verstanden? In einer halben Stunde aufs längste.

Bedienter. Sehr wohl! (Geht ab.)

Falbring (liest). „Zwei Wege sind uns nur noch offen. Entweder Sie wirken auf Dallner so viel, daß er nicht sehen will, und vortheilhaft berichtet; oder wir bringen den alten Dallner aus dem Dienst in Pension. Der Weg ist aber der letzte; denn er ist zwar entscheidend, wenn er glückt, aber unsicher bis dahin. Auf alle Fälle könnte man auch den Bäcker in der Affäre stecken lassen, und uns herausziehen, wenn der alte Dallner will. Wirken Sie schnell, und berichten Sie mir den Erfolg. Dositz." — Was ist da zu machen?

Dritter Auftritt.

Sekretär Falbring. Bäcker Ehlers.

Ehlers. Ich habs, Herr Sekretarius — ich habs!

Falbring. Was, Herr Ehlers?

Ehlers. Die Dallners sind gefangen. Wir haben sie in Händen.

Falbring. Wie denn? Geschwind!

Ehlers. Mein Ludwig ist ein hübscher Bursche, wie Sie wissen — er weiß zu reden. Ein Stück Atlas in Natura

— ein Eheversprechen in Worten — die Waldner hat alles gebeichtet.

Falbring. Wahrhaftig! Die tausend Thaler, welche fehlen — hat sie Dallner?

Ehlers. Hat sie.

Falbring. Bravo! bravo!

Ehlers. Einen Tag vor seinem Tode hat sie der Hofrath Rosen an ihn geliehen, er hat allerlei Schulden damit bezahlt. Die Obligation war noch nicht ausgefertiget. Nach dem Tode hat sich der Sekretär Dallner vor dem alten Kriegsrath gefürchtet — hat gezaubert — und gezögert — darauf kam die Aufforderung in der Zeitung, dann hat er gar das Herz nicht mehr gehabt zu sagen, daß er der Schuldner wäre.

Falbring. Wie ich gleich gedacht habe, Wort für Wort —

Ehlers. Und deßhalb geht er jetzt umher wie ein toller Hund —

Falbring. Nun muß der Sohn den Vater für uns lenken, oder der Vater muß, um den Sohn zu retten, uns retten. Wir haben alles in Händen.

Ehlers. Aber wie gebrauchen wir es?

Falbring. Das ist meine Sorge.

Ehlers. Eilen Sie, eilen Sie. Es wird mir heiß bei der Sache.

Falbring. Mir noch nicht.

Ehlers. Der alte Kriegsrath spektakulirt —

Falbring. Jetzt ist die Reihe an uns —

Ehlers. Auf dem großen Magazin hat man schlecht von uns beiden gesprochen. Die kleinen Lieferanten werden schon grob. In der Apotheke, wo ich ein Schnäpschen nahm, taumelte ein alter Soldat auf mich zu. Mit dem Glase in der Hand, ruft er recht brutal — „Kriegsrath Dallner soll leben! Stoß an, verdammter Mehlwurm!“ Das that ich denn auch. Wer mir aber mein Glas aus der Hand schlug, seines austrank, über den Kopf warf, und mich zum Teufel wünschte — das war der Soldatenkerl!

Falbring. Nun — was soll das heißen?

Ehlers. Daß man uns für vogelfrei hält —

Falbring. Pah!

Ehlers. Sie, mein Herr Sekretarius — wenn es zum schlimmsten kommt — verlieren nur Geld.

Falbring. Gehorsamer Diener!

Ehlers. Aber ich? Ach Du mein Gott! Wie hat der garstige alte Kriegsrath von mir gesprochen? — Man müßte mich — hat er gesagt — am Leibe anpacken. Denken Sie einmal, was das wäre!

Falbring. Wir wollen ihn an der Seele anpacken.

Ehlers. Was hilft das, wenn sie mich schon beim Leibe haben? Ich sage immer· es mag einem in der Welt passiren, was da will, wenn es nur nicht kneipt, stößt und schneidet. Das übrige alles geht denn doch über die Haut weg.

Falbring. Jetzt nur ganz ruhig nach Hause gegangen, Herr Ehlers.

Ehlers. Noch eins! Einen fälligen Wechsel habe ich an mich gekauft vom jungen Dallner.

Falbring. Fällig?

Ehlers. Auf heut. Damit könnte man sie auch zur Räson zwicken.

Falbring. Weisen Sie —

Ehlers (zeigt ihn).

Falbring. Schon zweimal prolongirt? Geschwind hin,

mit Arrest gedroht — mit dem Vater — oder er soll versprechen, den Vater zu gewinnen! den Wechsel nicht aus den Händen gelassen! Zwar — gehen Sie erst ein Viertelstündchen nach Hause — verstehen Sie mich — erst ein Viertelstündchen nach Hause.

Ehlers. Weßhalb?

Falbring. Daß man Sie nicht grade von hier ins Haus gehen sieht, meine ich.

Ehlers. Gott vergelte Ihnen die klugen Gedanken. Drum! drum! Wenn man studirt hat, man weiß sich doch gleich zu helfen. — Mein Jüngster, das Nikolauschen, soll mir auch mit Gewalt studiren. Rekommandire mich bestens. (Geht ab.)

Falbring Wenn Baruch nur gescheidt ist — zwar das ist er gewiß! Wenn er nur auch schnell genug ist!

Vierter Auftritt.

Sekretär Falbring. Justizrath Listar.

Falbring. Sehe ich recht? — Nun die Ehre ist nur noch nie widerfahren, Sie bei mir zu sehen.

Justizrath. Ich komme, Ihnen ein Vergnügen zu verschaffen.

Falbring. Ich bin im voraus dankbar.

Justizrath. Sie können Ihrem künftigen Schwiegervater, dem alten Kriegsrath, einen kindlichen Dienst leisten.

Falbring. Recht gerne; wenn er auch niemals mein Schwiegervater werden sollte.

Justizrath. Der geheime Kriegsrath Dositz ist Ihr Freund. Er handelt mit großer Bitterkeit gegen den alten Dallner. Ueberhaupt fängt man an dem Manne sehr nahe zu treten. Dositz hat Einfluß, weil er ein Mann von Kenntniß und Thätigkeit ist. Der Fürst schätzt ihn deßhalb und hört auf ihn. Zudem ist er Referent in den Kriegssachen. Verwenden Sie Sich bei ihm, daß er unserm Freunde Dallner nicht Unrecht geschehen lasse.

Falbring. Ich finde, daß Sie das Beste dabei thun könnten, wenn Sie dem alten Manne zureden wollten, die Lieferungssache liegen zu lassen.

Justizrath. Das werde ich nicht thun.

Falbring. So muß man das Ende ruhig abwarten.

Justizrath. Ruhig abwarten? Ich kenne jemand, der das nicht kann.

Falbring. Um Vergebung, wer?

Justizrath. Ein Erzdieb. Er ist mir eben auf Ihrer Treppe begegnet. Der Bäcker Ehlers.

Falbring. Ja so — der! Hm! Wie es den Kapitalisten geht — sie brauchen allerlei Leute; so bin ich auch zu des Ehlers Bekanntschaft gekommen. Er soll auch doch wirklich nichts taugen? Ei, ei! O da muß man recht auf ihn hinein gehen.

Justizrath. Mit diesem Bäcker Ehlers und seiner Companie geht die Sache ihren rechten Gang — deßhalb seyn Sie außer Sorgen.

Falbring. Was soll ich denn nun dem Herrn geheimen Kriegsrath Dositz eigentlich sagen?

Justizrath. Allenfalls — was ich Ihnen gesagt habe.

Falbring. Was soll er denn daraus nehmen?

Justizrath. Das Beste!

Falbring. Ganz wohl — Ich muß Ihnen sagen, ich liebe die Gerechtigkeit. Aber —

Justizrath. Daß Sie das strenge Recht lieben, haben Sie heut noch bewiesen, als Sie trotz Ihrer Liebe die tausend Thaler eingetrieben haben.

Falbring. Ach — das Waisenrecht ist heilig.

Justizrath. Das Recht, was eine Armee, die Blut und Leben opfert, auf gesunde Nahrung hat, ist heilig.

Falbring. Gewiß! — Und dann mußten die tausend Thaler deßhalb bezahlt seyn, weil eine Person, die ich liebe, keinen Vorwurf vor der Welt auf sich ruhen lassen darf.

Justizrath. Gut! — Auch der Vater dieser Person darf keinen Vorwurf auf sich ruhen lassen. Die Armee klagt laut, nach seinem Diensteide muß er hören, wenn es auch möglich wäre, die Stimme der Menschheit nicht zu hören.

Falbring. Auch der Schwager dieser Person darf keinen Vorwurf auf sich ruhen lassen.

Justizrath (nach einer Pause). Wie meinen Sie das?

Falbring. Es kann sich entwickeln.

Justizrath. In Gottes Namen!

Falbring. Drum meine ich, man soll nirgend streng richten.

Justizrath. Im Privatleben, ja! In öffentlichen Sachen kenne ich weder Strenge noch Gelindigkeit — nur Gerechtigkeit!

Falbring. Es kann alles zur öffentlichen Sache werden!

Justizrath. Wenn es nöthig wird — wenn es unvermeidlich wird —

Falbring. Wenn man sich gezwungen fühlt —

Justizrath. Dann thue jeder, was er verantworten kann. (Er empfiehlt sich.)

Falbring. Soll ich also dem Herrn geheimen Kriegsrath Dositz sagen —

Justizrath. Alles was ich gesagt habe — alles! Leben Sie wohl! (Geht ab)

Falbring. Ich spiele großes Spiel — es hat nichts auf sich. Ich muß gewinnen.

Fünfter Auftritt.

Falbring. Bedienter.

Bedienter. Ich habe den Baruch noch getroffen.

Falbring. Was sagte er?

Bedienter. Sie könnten sich auf ihn verlassen. Er wollte nur erst das Geld an Ort und Stelle bringen, dann sollte alles gleich besorgt werden.

Falbring. Setz den Koffer in mein Kabinet; schließ zu, und komm hernach zum geheimen Kriegsrath Dositz.

Bedienter. Sehr wohl! (Er trägt den Koffer mit Geld in das Seitenzimmer)

Falbring (geht einigemal auf und nieder). Ich will mit Dositz reden. Ihr sollt alle daran denken, daß ich mit ihm geredet habe. (Geht ab.)

Sechster Auftritt.

Es verwandelt sich in des Kriegsrath Dallners Haus.

Madam Rosen kommt mit Ernst herein.

Ernst. Nun Mutter! Hab ichs gut gemacht?

Mad. Rosen. Recht sehr, liebes Kind! (Sie küßt ihn.)

Ernst. Jetzt kriege ich den Mann und nicht das Thier.

Mad Rosen. Gleich will ich Dir Wort halten. (Sie geht an den Tisch und nimmt aus einem Portefeuille ein Kupfer.) Da, mein Sohn, das ist ein guter Mann —

Ernst Wer ist das?

Mad. Rosen. Das ist der Fürst.

Ernst. Unser Fürst — der hier im Schloß wohnt?

Mad Rosen. Ja! Weißt Du? der reitet alle Morgen hier vor unserm Hause vorbei.

Ernst. Im blauen Rock mit dem Stern?

Mad. Rosen. Derselbe.

Ernst. Großpapa nennt ihn ja auch den Landesvater.

Mad. Rosen. Ja, mein Kind!

Ernst. Das ist ein kurioser Name. Was ist denn ein Landesvater?

Mad. Rosen. Er ist — für uns alle, im ganzen Lande, was der Großpapa im ganzen Hause ist.

Ernst. So muß er mir auch was geben, wenn ich fleißig bin?

Mad. Rosen. Wenn Du fleißig bist und groß wirst, gibt er Dir einen Dienst.

Ernst Und muß mir helfen, wenn ich ihm was klage.

Mad. Rosen. Wenn Du Recht hast, ja!

Ernst. Und wenn ich unglücklich bin, muß er mich wieder glücklich machen.

Mad. Rosen. Wenn er kann, ja!

Ernst. Großpapa kann das immer!

Mad. Rosen. Nein, nein!

Ernst. O ja!

Mad. Rosen. Neulich, als Dein Vater gestorben war,

und Du weintest, und ich — und Du wolltest den Vater wieder haben — da konnte der Großpapa auch nicht helfen.

Ernst. Nein! wir weinten — sie trugen den Papa doch fort — getröstet hat uns aber der Großpapa — hat mir Geld geschenkt —

Mad. Rosen. Das thut der Fürst auch — er gibt mir alle Jahr Geld.

Ernst. Ich möchte auch Landesvater werden — und Großvater, dann solltest Du recht viel Geld haben, Mutter!

Mad. Rosen (umarmt ihn). Lieber, guter Junge!

Siebenter Auftritt.

Vorige. Kriegsrath Dallner.

Mad. Rosen. Schon zurück, mein Vater?

Kriegsrath. Ja!

Mad. Rosen. Um die Zeit? Das ist ungewöhnlich —

Kriegsrath. Es fügt sich manchmal so. (Er setzt sich.)

Ernst. Ich war fleißig, Großpapa!

Kriegsrath (legt die Hand auf seinen Kopf) Recht so, Knabe! dann ist Dein Vaterland überall, wo es Arbeit gibt und Frucht wächst! Du kannst nach Deinem Gewissen reden und handeln — und wenn man Dich nicht hören will — die Feder niederlegen und den Stab weiter setzen. (Er steht auf und geht, jedoch gemessenen Schrittes, umher.)

Ernst. Ich habe auch ein Bild geschenkt gekriegt.

(Er hält es ihm hin.)

Kriegsrath (nimmt es). Du armer Mann!

Ernst. Der Mann ist reich —

Kriegsrath. So mancher Unzufriedene klagt Dich an — Du kannst nicht dafür. Wenn ich aber daran denke, daß man Dir flucht, weil Meineidige Dich ausplündern — Dich und Dein Volk — so — (Er sammelt sich.) Da, mein Kind! Geh Deines Weges und spiele — sey lustig, Du bist jung und unschuldig — genieße Deine glückliche Zeit. (Er setzt sich.) Lauf hin, mein Sohn, und spiele!

Ernst (geht ab).

Mad. Rosen (nach einer Pause). Mein guter Vater!

(Sie stellt sich zu ihm.)

Kriegsrath (vor sich hin). Meine gute Tochter!

Mad. Rosen (trocknet seine Stirne). Sie haben Hitze —

Kriegsrath. Des Lebens Last und Hitze.

Mad. Rosen. So unmuthig sah ich Sie noch niemals.

Kriegsrath. Das geht auch vorüber. — Was ist vorgefallen indeß? erzähle mir.

Mad. Rosen. Der gute Justizrath Listar hat mir das Kapital von tausend Thalern, das wir suchen, fast aufgedrungen.

Kriegsrath. Listar?

Mad. Rosen. Und da ich sie nicht nehmen wollte — in meiner Abwesenheit den Sekretär Falbring in meinem Namen damit ausgezahlt.

Kriegsrath. Der Ehrenmann!

Mad. Rosen. Er will drittehalb Procent.

Kriegsrath. Er muß viere nehmen — das findet sich. Dein Bruder muß mir nun gleich die Obligation zurück geben. Ich werde sie Listar zustellen.

Mad. Rosen. Falbring — denken Sie nur — hat um mich angehalten und —

Kriegsrath. Kannst Du ihn leiden? (Er steht auf.)

Mad. Rosen. Nein!

Kriegsrath. Der unredliche Mann — er wagt es? — er hat das Herz?

Mad. Rosen. Ja, und unter der Bedingung, daß Sie die Lieferung ferner nicht untersuchen, sagte er.

Kriegsrath. Nun werde ich dem Spitzbuben das Haus verbieten. Zwar — er ist reich — ich bringe Dein Kind um ein großes Vermögen. Aber Du —

Mad. Rosen. Vermögen, das den Fluch der Unglücklichen ins Haus bringen würde, ist kein Segen für meinen Sohn!

Kriegsrath. Recht, meine Tochter! Brod und Wasser — aber freien Blick in jedes Menschen Angesicht — das sey sein Erbtheil, wenn er kein reicheres findet – Gott Lob, in meinem Hause finde ich immer Stärkung, wenn mich die Welt abgemattet hat.

Mad. Rosen. Was hat — doch ich will nicht fragen.

Kriegsrath Ich will Dirs sagen: Heute sprach ich zu Dir: „nichts soll mich von der geraden Linie werfen!" Ich habe mir nicht Wort gehalten.

Mad. Rosen Wie?

Kriegsrath. Nicht was die Handlung anbetrifft, darin habe ich Wort gehalten. Aber was die Art und Weise anlangt.

Mad. Rosen. Sie bekümmern mich —

Kriegsrath. Ich habe in der Kanzlei für die Sache meines Vaterlandes gesprochen — ich habe für unsern Herrn gesprochen — für eine Armee, die eine Rotte betrügerischer Kerls mit schlechten verkürzten Lebensmitteln hinschlachtet — mehr als ~ Feind. Ich habe meine Worte nicht gewogen — denn ich habe Eid — das Elend der Ermordeten habe ich vor Augen · haben ein paar Bösewichter mich ausgelacht, und ich ·anden und habe ihnen ins Angesicht gesagt, was der Fürst ihnen sagen würde, wenn er Wahrheit und Elend kennte wie ich: nämlich daß sie Meineidige wären! So bin ich aus der Kanzlei gegangen.

Mad. Rosen (ängstlich)) Ach die Folgen?

Kriegsrath. Hier ist mein Schutz (auf das Herz deutend), und da oben! Sey ruhig! (Geht ab.)

Achter Auftritt.

Madam Rosen allein.

Ruhig? — Ja, ich will es werden. So viel Edelmuth kann nicht unbelohnt bleiben.

Neunter Auftritt.

Madam Rosen. Sekretär Dallner.

Dallner. Liebe Marie, wir haben das Geld, Falbring kann bezahlt werden.

Mad. Rosen. Er ist bezahlt. Listar hat das Kapital hergeliehen.

Dallner. Er ist bezahlt?

Mad. Rosen. Vor kurzem.

Dallner. Desto besser, so geben wir dieß zurück.

Mad. Rosen. Und gleich. Der Vater erwartet die Obligation zurück, um sie Listarn zu geben.

Dallner. Mit Freuden! Ich will gleich zu Baruch gehen und das Geld zurückgeben. Weißt Du, wer es hergeliehen hatte? Falbring.

Mad. Rosen. Er selbst?

Dallner. Zu vier Procent.

Mad. Rosen. So hat er mich um zwei Procent erkaufen wollen, denn er hat mir seine Hand angeboten.

Dallner. Hat er das gethan?

Mad. Rosen. Er wurde abgewiesen.

Dallner. Das begreife ich. Nun will ich das Geld gleich —

Zehnter Auftritt.

Vorige. Bäcker Ehlers.

Ehlers. Unterthänigster Diener — Sie sind Herr Sekretarius Dallner?

Dallner. Der bin ich.

Ehlers. So, so! — Ich hätte wohl ein Wörtlein, wenn Sie erlauben wollten — inkognito — mit dem Herrn Sekretär zu reden.

Mad. Rosen. Ich will nicht stören. (Sie geht ab.)

Eilfter Auftritt.

Sekretär Dallner. Bäcker Ehlers.

Ehlers. Da habe ich ein Wechselchen an mich handeln müssen, das Sie ausgestellt haben. Es ist schon zweimal prolongirt — heute ist der Termin — also —

Dallner. Wer sind Sie, mein Herr!

Ehlers. Der Bäcker Ehlers, gehorsamst aufzuwarten.

Dallner (sieht den Wechsel an). Er ist richtig der Wechsel.

Ehlers. O gewiß. Auch fällig.

Dallner. Ja, er ist fällig.

Ehlers. Belieben Sie also —

Dallner. Herr Ehlers, die Zahlung kommt etwas unvorgesehen.

Ehlers. Ei bei Leibe! Wenn eine Zahlung fällig ist, das weiß man ja vorher: daß weiß man.

Dallner. Freilich wohl, unvermuthete Zufälle

Ehlers. Ja, die können wohl eintreten

Dallner. Ich bin ein ehrlicher Mann, ich werde Wort halten — gestatten Sie nur, daß der Wechsel auf vier Wochen prolongirt werde.

Ehlers. Kann nicht seyn.

Dallner. Auf vierzehn Tage — auf acht Tage.

Ehlers. Nein! Ich kann nicht. Sehen Sie, die Zeiten sind schlecht. Ein armer Hausvater muß sich mit den lieben Seinigen kümmerlich ernähren. Heute muß der Wechsel bezahlt werden.

Dallner. Ich kann nicht; ich kann nicht.

Ehlers. Thut mir leid um Sie — ich empfehle mich gehorsamst —

Dallner. Was wollen Sie machen?

Ehlers. Das Wechselrecht anrufen.

Dallner. Ich kanns nicht hindern.

Ehlers. Und ich kanns nicht unterlassen — also — (Er geht.)

Dallner. Eher alles, als daß ich das Geld angreife. Eher will ich —

Ehlers (kommt zurück). Zwar — noch eins ist mir beigefallen — Man hat denn doch ein Gewissen. Sie sind jung. Sie sind in den hochfürstlichen Diensten. Ein Wechselarrest schadet auf die ganze Lebenszeit.

Dallner. Gewiß! gewiß!

Ehlers. Drum will ich das nicht.

Dallner. O mein Herr, man sieht, daß Sie Vater sind.

Ehlers. Richtig. Ich weiß, wie es mir seyn würde, wenn mein Sohn arretirt würde. Drum will ich das nicht. Aber zu dem Herrn Vater — dem Herrn Kriegsrath will ich gehen.

Dallner. Wie, mein Herr?

Ehlers. Welcher Vater wird sein Kind nicht der Schande entziehen?

Dallner. Er kann nicht.

Ehlers Er wird bezahlen.

Dallner. Er kann nicht.

Ehlers. Ich werde ihm dann eröffnen, wo sein erspartes Gut hingekommen ist. Ich werde ihm von der Madam Waldner ein Wort sagen — und das wird der redliche alte Mann mir Dank wissen. Ja, ja! das ist besser, als Arrest — das will ich —

Dallner Bleiben Sie!

Ehlers. Wollen Sie auszahlen?

Dallner. Ja!

Ehlers. Nun was lassen Sie mich denn Zeit und Worte verlieren?

Dallner (nimmt mit großem Kampfe die Rolle aus der Tasche.) Ach Gott!

Ehlers Nun sehen Sie einmal — da ist ja Geld genug!

Dallner (fängt an zu zählen) Die Folgen dieses Augenblicks kommen über Ihre Seele!

Ehlers. Ei, bei Leibe! Da verthut man erst das Seinige, und hernach soll der Fluch über ehrliche Bürgersleute kommen.

Dallner. Vier hundert Thaler — streichen Sie ein.

Ehlers (geht an den Tisch, indem er einstreichen will). Ha ha ha — sehen Sie einmal das blanke schöne Geld an — Hm! (Er geht zu ihm.) das können Sie alle sparen. Sie brauchten mich nicht auszuzahlen.

Dallner (hingeworfen) Wie so?

Ehlers. Reden wir jetzt einmal als Männer!

Dallner. Reden Sie.

Ehlers. Ich habe die große Lieferung — die Soldaten schreien über mich. Warum? Wenn das Volk ein bischen in den Feind hackt, meint es gleich, das wäre etwas. Die Kerls verlangen, das Brod soll wie Fleisch schmecken — das kann denn doch nicht möglich seyn. Was thut der Papa? Er heißt mich einen Spitzbuben, und nimmt die Partie der gemeinen Kerls. Er will mich ins Elend bringen — machen Sie, daß er die Sache liegen läßt, verstehen Sie mich? so ist der Wechsel Ihre, und ich will nichts.

Dallner Pfui!

Ehlers. Nun, nun — nur gemach! — Brauchen Sie noch so ein Wechselchen, dem Papa den brüllenden Mund zu verkleben? Sie sollens haben!

Dallner. Nimm — streich ein — schlechter Kerl! Geh hinaus, oder ich trete Dich hinaus!

Ehlers. Gehorsamer Diener! (Er streicht das Geld ein.) Wenn ich schlecht bin, so habe ich Kollegen. Vier hundert Thaler Bestechung anbieten — ist nicht schlechter, als geliehene tausend Thaler verschweigen. Empfehle mich! (Geht ab)

Dallner (wirft sich auf einen Stuhl und bedeckt das Gesicht). Großer Gott!

Zwölfter Auftritt.

Sekretär Dallner. Kriegsrath Dallner.

Kriegsrath (kommt aus der Mitte). Mein Sohn, Du mußt jetzt — Was soll das — was ist das für eine Stellung?

Dallner (der gleich aufgesprungen ist) Verzeihen Sie —

Kriegsrath. Bist Du krank!

Dallner. Nein!

Kriegsrath. Nun so geberde Dich auch wie andre Menschen. Es ist kein Muth und kein Leben in Dir! — Gib mir die ausgestellte Obligation zurück. Ich will sie Listarn bringen, der das Geld hergeliehen hat.

Dallner. Indeß hat Falbring das Geld an Baruch auf diese Obligation gegeben.

Kriegsrath. Bring es dem Juden wieder, auf der Stelle. Ich will so lange warten. Schaff mir gleich meine Obligation zurück. Den Augenblick!

Dallner. Ich gehe hin, mein Vater!

Kriegsrath. So geh! — Was stehst Du da, und sagst — ich gehe — Sag nichts — und geh. — Noch eins! Der Baruch hat Mühe gehabt bei der Sache. Gib ihm — da — gib ihm einen Dukaten. Er wird ihn nicht nehmen wollen, weil ich ihm neulich auf der Kanzlei einen Dienst geleistet habe. Er soll ihn nehmen — Hörst Du?

Dallner. Ja! (Er geht.)

Kriegsrath. Mein Sohn!

Dallner. Was befehlen Sie? (Er kommt zurück)

Kriegsrath Sieh mich an! Du hast ja Thränen im Auge? Was ist denn das?

Dallner (küßt seine Hand)

Kriegsrath. Du zitterst — sage mir, was fehlt Dir?

Dallner. Man hat ja manchmal traurige Launen.

Kriegsrath. Nun ja, so reibt man die Stirn, man thut einen frischen Athemzug — sieht den Himmel an, baut auf Gott, und geht dann weiter dem Beruf nach — so verliert sich das wieder. Aber wenn ein Mann weint, so hat er Unglück, oder er ist ein Narr! Bist Du nun ein Narr — so schäme Dich und geh! Bist Du aber ein Unglücklicher — so rede.

Dallner (wirft sich ihm in die Arme). Ich bin ein Unglücklicher — (er reißt sich los) weil ich nicht reden kann. (Geht ab.)

Kriegsrath (sieht ihm nach.) Nun trübt mir auch der Mensch meinen häuslichen Frieden! – Unglück kommt nie allein! Ich will mich rüsten, es allein zu tragen. (Geht ab.)

Dritter Aufzug.

Erster Auftritt.

Madam Rosen. Der Jude Baruch.

Baruch. Baruch bin ich, der Jude Baruch! — Sie müssen mich doch schon gesehen haben?

Mad. Rosen. O ja, mein Herr! Auch weiß ich, daß Sie auf unsere Wünsche für das Anlehen von tausend Thalern sich verwendet haben.

Baruch. Sie haben doch das Geld bekommen?

Mad. Rosen. Wir sind dankbar für Ihre Bemühung, aber wir haben anderwärts Auskunft gefunden, und das Geld wird Ihnen zurückbezahlt, wenn es noch nicht geschehen seyn sollte

Baruch Zurück? — ich habe nichts zurück gekriegt, nichts.

Mad. Rosen. So wird mein Bruder Sie nicht gefunden haben.

Baruch. Mag seyn; ich war aus. Sie brauchen es nicht das Geld? Besser ist besser — Sobald ich das Geld habe, bekommen Sie gleich die Obligation.

Mad. Rosen. Sehr wohl, Herr Baruch!

Baruch. Brave Leute, Sie und der Papa! Der Papa ist ein Mann — hart und ganz, wie ein alter Thaler. Von den schweren alten Thalern — sieht mer nich' viel mehr. Wissen Sie, akkurat so ist der Papa, akkurat.

Mad. Rosen. Ich danke Ihnen für das Lob Er verdient es.

Baruch. Er verdient mehr als er gilt.

Mad. Rosen. Wie so?

Baruch. Er verliert im Kurs gegen die leichte Weltmünze — ich will sagen — wissen Sie, was ich sagen will? Der Papa soll sein gut Herzensgeld nicht gegen die leichten Kopfstücker* der andern geben.

Mad. Rosen. Das verstehe ich nicht!

Baruch. Ich wills deutlich machen. Ich kenne die Leute — glauben Sie mir. Ich weiß alles was passirt. Ein Glatteis ist die Welt. Man muß sehr sachte gehn. Der Papa ist zu alt, um auf Schlittschuhen zu laufen — Sie haben ihm ein Bein gestellt. Er fällt! Denken Sie an mich! Er fällt, er muß fallen!

Mad. Rosen. Reden Sie gerade heraus, ich mißbrauche es nicht.

Baruch. Nun? Wer nicht fallen will, muß aufhören zu laufen — sagen Sie ihm das. Ich meins gut, ich meins gut. Wenn ich aber mehr sagte — meinte ichs schlecht mit mir.

* Eine Reichsmünze, dreißig Kreuzer am Werth.

Zweiter Auftritt.

Sekretär Falbring. Vorige.

Falbring. Nun, Madam! meine Vorstellungen bei Ihnen haben nichts geholfen. Sie haben mich also abgewiesen? Ja, ja! — Der Herr Vater hat den Krieg mit der halben Stadt angefangen. Denn der Bäcker Ehlers ist auf seinen Betrieb arretirt.

Mad. Rosen. Davon weiß ich nichts.

Baruch. Arretirt? Der reiche Ehlers? Gottes Wunder!

Falbring (mit angenommener Heftigkeit) Daß der Eigensinn eines — wunderlichen alten Mannes mein Glück stört, und Ihres, daß ich um meine Hoffnung kommen soll — das ist doch hart.

Mad. Rosen. Ich bin beruhiget, seyn Sie es auch.

Falbring. Denn Sie wissen, ich habe es als ein ehrlicher Mann vorher gesagt, es war meine Bedingung. In Unfrieden mag ich nicht leben. Wer sich muthwillig in Händel verwickelt, wie der alte Mann, der treibt seine Freunde gewaltsam von sich.

Mad. Rosen. Seine Kinder nicht! Also erlauben Sie, daß er mich nicht vermisse. (Sie geht ab) Adieu, Herr Baruch!

Dritter Auftritt.

Sekretär Falbring. Baruch.

Falbring. Baruch, was treibt Ihr hier?

Baruch. Handel und Wandel.

Falbring. Ehlers ist nun arretirt — habt Ihr das Papier?

Baruch. Ja wohl!

Falbring Herzens-Baruch! (Er drückt ihm die Hand) Gebt her!

Baruch Es ist zu Hause — ich bringe es zu Ihnen, das Papier.

Falbring. Die fünfzig Louisd'or sind parat. Nun bin ich geborgen. Nun soll der Teufel dem Alten hier den Hals brechen.

Baruch (sieht ihm auf die Füße). Wo haben Sie den Pferdefuß?

Falbring. Was soll das?

Baruch. Sie sind der Teufel, der dem alten Dallner den Hals bricht! Sie!

Falbring. Schwätzer! Aber wie habt Ihrs gekriegt?

Baruch. Ich habe gesagt — „Ehlers" habe ich gesagt — „was thut Ihr? Der Falbrink läßt Euch stecken! Ihr habt da ein Papier vom Falbrink; wenn Eure Papiere zusammen abgeholt werden, so prakticiren die Freunde vom Falbrink es weg. Warum? Der Falbrink wird ein Schwiegersohn vom Dallner." Als ich das vom Schwiegersohn sagte, sind sie erschrocken. „Gebt mir das Papier — ich wills verstecken, bis Ihrs braucht. Ich will ein Stück Geld an Euch verdienen — Warum? Ich geh überall aus und ein. Wunderlich kann ich Euch helfen mit dem Papier." Da sind die Kanzleiboten schon um das Haus gegangen, da ist ihm die Galgenangst angekommen, da hat ers hergegeben. — So ists.

Falbring. Bringt mirs gleich, ich gehe gleich von hier nach Hause.

Baruch. Ich bringe noch mehr. — Ihre tausend Thaler

bring ich wieder. Sie brauchen sie nicht. Sie wollen sie nicht, die Dallners.

Falbring. Was gilt die Wette, Ihr bringt die tausend Thaler nicht?

Baruch. Reiche Leute wetten — ich wette nicht.

(Will abgehen.)

Vierter Auftritt.

Vorige. Sekretär Dallner.

Baruch. Gottes Wunder! Da sind Sie ja! Nu? Sie brauchen mein Geld nicht, sagt die Schwester; da können Sie es gleich an den rechten Mann bringen.

Dallner. Ganz recht!

Baruch. Machen Sie es aus mit einander. Ich empfehle mich! (Geht ab.)

Fünfter Auftritt.

Falbring. Sekretär Dallner.

Dallner. Ja, Herr Falbring! das Geld kann zurückbezahlt werden. Aber ich habe Ihnen eine Proposition zu thun.

Falbring. Lassen Sie hören.

Dallner. Nehmen Sie wohl sechs hundert Thaler zurück, geben mir die Obligation der Familie wieder, und erlaubten mir einen Schein von vier hundert Thalern auszustellen, gegen jährliche Abzahlung von fünf und siebzig Thalern nebst den Zinsen?

Falbring. Recht gern, wenn der Herr Vater diese vier hundert Thaler mit unterschreiben wollen.

Dallner. Diese Unterschrift zu erbitten, erlauben mir die Umstände nicht

Falbring. Dann kann ich nicht helfen, so gern ich wollte.

Dallner. Ich bitte Sie dringend.

Falbring. Thut mir leid. Aber in der Lage, worin ich gegen Ihr Haus bin, erlaubt es mir das Gewissen und die Klugheit nicht, ohne Ihres Herrn Vaters Wissen, Ihnen Geld zu leihen.

Dallner. Sie wollen es durchaus nicht?

Falbring. Ich kann es nicht.

Dallner. So muß ich es zu schaffen suchen, denn mein Vater verlangt die Obligation zurück.

Falbring. Wie Sie die tausend Thaler bringen, bekommen Sie Ihr Papier wieder.

Dallner (ängstlich). Ich bin in großer Verlegenheit —

Falbring. Das sehe ich.

Dallner. Ich bin ein ehrlicher Mann!

Falbring. Natürlich!

Dallner. Sonst wäre ich nicht in Verlegenheit.

Falbring. Es ist mir recht leid.

Dallner. Sie sind reich —

Falbring. Wer einen ganzen Rock hat, wird gleich dafür ausgeschrieen.

Dallner. Wenn ich an Ihrer Stelle wäre —

Falbring. Sie würden es gerade so machen.

Dallner. Ich würde helfen, wenn ich Jugendfehler — mit Verzweiflung kämpfen sähe.

Falbring. Die Religion schützt vor Verzweiflung —

Dallner. Durch gute Menschen, die sie in der Stunde der Noth dem Unglücklichen sendet.

Falbring. O ja! Aber ich fühle nicht, daß ich von dieser höchsten Stelle ein Creditiv an Sie erhalten haben sollte.

Dallner. Sie haben Recht. Auf Ihrer Stirne steht nichts davon. Warum wendete ich mich an Sie? — Zahlen will ich, zahlen muß ich. Mit Geld — oder mit Blut!

(Er geht und stößt auf Listarn.)

Sechster Auftritt.

Vorige. Justizrath Listar.

Justizrath. Was gibts hier? (Er faßt ihn auf.)

Falbring. (Pause.) Was gibts? — Jugend!

Dallner. Thorheit, Herr Justizrath! Schuld, die Ihren Blick nicht aushält. (Geht ab.)

Siebenter Auftritt.

Justizrath Listar. Falbring.

Justizrath. Was wollte der Mensch? — Was hat er vor? —

Falbring. Ei, er hat es Ihnen ja gesagt „Schuld, die Ihren Blick nicht aushält.“ Schuld also – Schuld! Nun — ich will die Geheimnisse dieses Hauses nicht verrathen — ich nicht.

Justizrath. Sie waren bei dem geheimen Kriegsrath Dositz? — Was hat er Ihnen versprochen?

Falbring. Die Sache ist ja schon in voller Gährung.

Justizrath. Gährung? Der Prozeß gegen die Betrüger ist im Gange. Nennen Sie die Gerechtigkeit eine Gährung?

Falbring. Die Gerechtigkeit? Ha ha ha — du lieber Himmel, das weiß man ja auch, was das sagen will — die Gerechtigkeit.

Justizrath. Desto besser. So wird man ehrlichen Männern nichts in den Weg legen.

Falbring. Zu dem hat Herr Dositz auch seine Ueberzeugungen, seine Grundsätze, zuletzt fragte er mich: — was es mich anginge?

Justizrath. Was der Mensch den Menschen anginge? Was der Schwiegersohn den Schwiegervater anginge?

Falbring. Erlauben Sie, mit dem Schwiegersohn ist es nichts mehr.

Justizrath (lebhaft). Warum nicht?

Falbring. Unter den Umständen —

Justizrath. Sie haben um Madam Rosen angehalten?

Falbring. Ja, bedingungsweise habe ich das gethan. Aber ich müßte meine Ruhe für nichts achten — wenn ich bei den Umständen —

Justizrath. Was Umstände? Mannswort geht über alle Umstände!

Falbring. O ja! Mann gegen Mann — allerdings.

Justizrath. Mann gegen Weib — zehnfach! — Wenn Sie sich selbst das Wort über eine Sache geben, müssen Sie es halten!

Falbring. Nun Sie scheinen Sich das Wort gegeben zu haben, der Madam Ihr Glück anzubieten? Jetzt können Sie es ja halten, wenn Sie noch das Herz haben?

Justizrath. Ich werde das Herz haben.

Falbring. Ja, wenn ich schriftlich, oder vor Zeugen, oder —

Justizrath Vor Zeugen — ohne Zeugen - geschrieben — gedacht — gesprochen — gleichviel! Wort ist Wort wer! so was nicht hält — nicht halten will — der — der stelle sich unter den Galgen, blicke hinauf und spreche: — „Hier unten stehe ich — aber da oben gehöre ich hinau" - respektive!

Falbring. Respektive? Nun ja — respektive! Ich hoffe, Sie wollen damit sagen —

Justizrath. Der Schuß sitzt. Der Getroffene mag die Kugel ignoriren, oder herausschneiden — ich bekümmere mich nicht um den Verband.

Falbring. Wissen Sie, Herr Justizrath, daß mir der Diskurs nicht mehr anständig ist?

Justizrath. So brechen Sie ihn ab.

Falbring. Ich gehe.

Justizrath. Ich gehe nicht.

Falbring. Es soll mir lieb seyn, wenn man mich nicht bittet — wieder zu kommen. Schließlich will ich Ihnen nur noch eröffnen, daß dergleichen Studentenmanieren, wie Sie an den Tag legen, in der civilisirten Welt nicht mehr üblich sind. (Er geht)

Justizrath (hält ihn auf). Ein sogenannter civilisirter Bursche steht platt und unbeholfen da, wenn ein ehrlicher Kerl durch den jämmerlichen Verhack der Façon gebrochen ist, und das, was schlecht ist, schlecht nennt, und es darnach behandelt. Wir werden noch mehr mit einander zu thun bekommen; also keine Worte mehr! — Handlung! Adieu!

Falbring. Handlung? Nun ja! Aber sehen Sie — da galoppirt manchmal der stolze Reiter, läßt sich weder warnen noch rathen. Auf einmal hält er an so einer Handlung — da ist nun der Schlagbaum zu. Was will er machen? Er muß hübsch höflich herunter steigen, und bitten, daß man aufmache — Denken Sie an den Schlagbaum — und thun Sie gemach! Haben Sie mich verstanden? Adieu, Herr Justizrath! (Geht ab.)

Achter Auftritt.

Justizrath allein

Elender Mensch! Ich verstehe dich. Das Geheimniß muß ins Klare. Leide dann, wer zu leiden verdient — nur der unschuldige Theil nicht mit dem Schuldigen.

Neunter Auftritt.

Justizrath Listar. Sekretär Dallner.

Dallner (dem man die ganze Last der Sorge, die ihn umher treibt, deutlich ansieht) Ach, Herr Justizrath, sind Sie da? Ich — (Im harten Kampfe mit sich selbst hält er inne.)

Justizrath. Sie suchen mich nicht, denke ich, aber ich will Sie finden.

Dallner. O ja! o ja! — ich suche Sie.

Justizrath. Ich will Sie treffen! Ohne Umschweif — die tausend Thaler, die hier im Hause so viele Unruhe gemacht haben — die Ihre gute Familie bezahlt hat — wovon niemand weiß, wohin sie gekommen — die wissen Sie die haben Sie! Antworten Sie nicht — Ihr Gesicht — Ihre Gestalt haben schon gesprochen. Ich weiß jetzt alles.

Dallner (die Hände in einander geschlagen, den Blick auf den Boden). Und was denken Sie nun von mir?

Justizrath. Darüber bin ich noch nicht einig.

Dallner. Bin ich Ihnen verächtlich?

Justizrath. Wenn Sie mich täuschen.

Dallner. Ich kann nichts mehr gut machen.

Justizrath. Aber noch sehr viel verderben Warum verheimlichten Sie diese tausend Thaler?

Dallner. Ich habe sie nicht genommen. Mein Schwager, der mich sehr liebte, hatte sie mir geliehen, hatte einen Plan der Rückzahlung festgesetzt. Einen Tag vor seinem Tode, wo meine Lage am dringendsten war, zahlte er mir das Geld aus. Ich zahlte damit Schulden ab, die ich —

Justizrath. Die Sie um eines elenden Weibes willen gemacht haben? — Hernach mehr von ihr! — Weiter!

Dallner. Mein redlicher Schwager wollte dem dringendsten, drückendsten Theile meiner geheimen Verlegenheiten damit ein Ende machen. Den Tag nach dem Empfang sollte die Obligation ausgefertigt werden. Ein Schlagfluß raffte ihn weg. Mein Vater ist streng redlich — ich fürchtete die Entdeckung, fürchtete sie mehr um seines Kummers, seiner Gesundheit willen, als um meinet willen. Er erkennt im Bösen und Guten keinen Mittelweg, nur Tugend oder Laster. Um seiner Ruhe willen kämpfte ich mit dem

Geständniß: du kannst es ja der Schwester künftig noch in eben der Art, wie es dein Schwager festgesetzt hatte, ersetzen, dachte ich. Mein Vater untersuchte die Papiere, suchte mit Unwillen, nahm mich dazu — sagte zuletzt mit einer Thräne im Auge: „Kannst denn auch Du gar nicht vermuthen, wer der Bösewicht seyn mag, der mich in die Verlegenheit bringt, und Deine arme Schwester?" Nein, sagte ich in der Betäubung — Nein, mußte ich nachher sagen — Nein, mußte ich sagen und dabei bleiben, als er sogar einen Aufruf in die Zeitung setzen ließ, die Sache nun jedermanns Gespräch ward und noch ist. Nein, muß ich nun bis zum Tode sagen — (er ergreift seine Hand) und wer kann voraus sagen, was ich wegen dieses unseligen Nein noch thun muß? das ist die Geschichte!

Justizrath. Kummer bereiten, um eine Verlegenheit nicht zu verursachen? — Schande — um dem Kummer zu entgehen?

Dallner. Wer sieht alle Folgen vorher? Die nächste Folge schien mir die traurigste!

Justizrath. Die tausend Thaler sind nicht alle Ihre Schulden.

Dallner. Nein! Geringere hat meine Schwester vorher bezahlt. Vier hundert Thaler war ich an Moses Meyer schuldig. Der Bäcker Ehlers hat den Wechsel erhandelt, wollte ihn einklagen, meinen Vater darum mahnen — ich nahm das Geld von den tausend Thalern, die Falbring durch Baruch meinem Vater hat leihen wollen, die er um Ihrer Großmuth willen nicht bedarf Mein Vater erwartet seine Obligation zurück — und Falbring gibt sie nicht her, da ich die tausend Thaler nicht mehr beisammen habe — Sie wissen nun alles.

Justizrath Alles? Durchaus alles?

Dallner. Bedurfte es mehr mich elend zu machen? Sie wissen alles.

Justizrath. Die Obligation muß zurück! Sie dürfen niemanden mehr schuldig seyn. Eher können Sie weder Grundsätze fassen noch ausüben! (Er denkt eine Weile nach, sieht sich um, erblickt Feder und Tinte, setzt sich und schreibt. Nachdem er fertig ist). Da — sind zwei hundert Thaler baar. Hier ist eine Anweisung auf mein Quartal. Es ist fällig — zahlen Sie Falbring, bringen Ihrem Vater die Obligation, und geben Sie mir den Rest vom Quartal heraus.

Dallner (unbeweglich). Herr Justizrath —

Justizrath. Sie verdienen es nicht, was ich thue.

Dallner Nein!

Justizrath. Aber Ihr Vater, Ihre Schwester; Sie sind ein Schwächling — einer von den Menschen ohne Charakter, die geben um nicht klagen zu hören; lieber übermorgen zu Grunde gehen, als heute einen ernsthaften Schritt wagen. Ihre schlimmen Handlungen verdienen keine Verachtung; Ihre guten Handlungen keine Achtung. Man kann Sie bedauern, aber man kann sich nicht an Sie anschließen. Man kann nicht auf Sie rechnen. Sie sind ein leidendes Wesen — Bösewichter bauen nicht auf Sie, gute Menschen vertrauen Ihnen nicht genug.

Dallner. Wenn Sie Recht haben — was habe ich denn auf der Welt noch zu thun?

Justizrath. Sie müssen Ihr Schicksal aushalten; das ist der einzige Weg, auf dem Sie noch Achtung für sich selbst erhalten können.

Dallner. Wie aber, wenn mein Geheimniß entdeckt wird — und das ist doch möglich —

Justizrath. Das ist sogar wahrscheinlich. Falbring ahnet es, und hat boshaft darauf angespielt.

Dallner. So bin ich verloren, jeder Weg in der Welt ist mir verschlossen — Mißtrauen, allgemeiner Kleinglaube von mir folgen mir, und kommen mir auf auf jedem Gesicht entgegen.

Justizrath. Das müssen Sie ertragen, bis eine Reihe von Jahren und Aufopferungen Ihnen Selbstgefühl gegeben haben. Sie müssen durchaus tragen, was Sie Sich thöricht bereitet haben. — An die Wittwe verwenden Sie doch nichts mehr? —

Dallner. Ich kann nicht. Ich kann kaum einem Bettler einen Heller geben. Ich habe ihr seit acht Wochen nichts gegeben.

Justizrath. Begegnet Sie Ihnen seit den acht Wochen so gut wie vorher? Seyn Sie aufrichtig.

Dallner. Sie ist unglücklich — Unglückliche haben Launen.

Justizrath. Sie wird Sie verabschieden.

Dallner. Nein! nein! bei Gott nicht!

Justizrath. Sie hat Sie verabschiedet. Sie fühlen es — aber Sie *wollen* es nicht *wissen*. *Das* ist Ihr Kummer — Sie können nicht mehr geben, das quält Sie.

Dallner. Aber ich habe gegeben, Glück, Ruhe, Frieden, Zukunft und Gegenwart! — Alles habe ich gegeben.

Justizrath. Sie können nichts mehr geben, also werden Sie aufgeopfert.

Dallner. Und wer kann das geben, was ich hingeopfert habe? Nein, nein! das erkennt sie, das vergißt sie nie.

Justizrath. Fasse Dich, junger Mensch; sie hat es vergessen.

Dallner. Reden Sie wahr, so haben Sie mir jetzt mehr genommen, als Sie je geben können.

Justizrath. Haben Sie auf der Welt keine Bestimmung, als von der Waldner geliebt zu werden?

Dallner. Keinen Glauben mehr an die Menschen, wenn diese Frau mich betrügt.

Justizrath. Sie betrügt Sie.

Dallner. Können Sie es beweisen?

Justizrath. Ich werde es können.

Dallner. So bedarf ich des Geldes nicht mehr. (Gutmüthig.) Nehmen Sie es zurück. Auf dem Punkte, wo ich nun stehe, darf ich keine Schuld mehr machen. Ich bleibe genug schuldig. Ach! wer nur noch die letzte Schuld für die nothwendigste Reise —

Justizrath (faßt ihn heftig). Wohin?

Dallner. Wo es weder Betrug noch Schuld gibt. • Wo man nichts mehr verlieren kann.

Justizrath. Und nichts mehr ersetzen, noch gut machen.

Dallner. Wo der, der diese Mischung von Gefühlen mir gab — um manches Guten willen, um mancher heimlichen Thränen willen — mich nicht verstoßen wird.

Justizrath (faßt ihn an die Schulter). Junger Mensch, schwärme nicht — handle!

Dallner. Wie die Menschen, die dem gefallenen Bruder Steine auf das Herz werfen, daß er nie mehr aufkomme.

Justizrath. Sieh, Unglücklicher, das habe ich Dir nicht gethan.

Dallner. Nein, o nein!

Justizrath. So empfinde es, daß niemand Deine Vergehen geringer machen kann, als sie sind, ihre Folgen Dir nicht verschweigen darf, aber fühle auch, daß im Fallen ein Bruder seine Hand Dir darreicht — Fasse meine Hand!

Dallner (reicht ihm die Hand).

Justizrath. Umarme mich!

Dallner (fällt an seinen Busen).

Justizrath (hebt sein Gesicht). Erhebe Dein Gesicht zum großen Vorsatz des Tragens und Duldens. — Nun zieh Deines Weges weiter – und handle wie ein Mann! (Er macht sich los, und wendet sich von ihm.)

Dallner. Dank! — Dank Dir in meiner Todesstunde. (Er geht und begegnet seiner Schwester, er sieht sie an, umarmt sie, führt sie vor, und sagt zu Listarn): Hier kann ich nie bezahlen — Marie! der Geist Deiner Güte und Liebe ruht nie — er wirkt in andern fort! Reich wird Deine Ernte werden — vergib dem Armen, der nie abtragen kann. (Geht ab)

Zehnter Auftritt.

Madam Rosen. Justizrath Listar.

Justizrath. Ich bin zufrieden mit mir, liebe Madam, weil Sie es seyn werden. Ich habe Ihnen eine Sorge abgenommen.

Mad. Rosen. Ich habe Ihnen noch nicht einmal danken können für das, was Sie vor kurzem erst gethan haben.

Justizrath. Haben Sie keine Sorge mehr um Ihren Bruder!

Mad. Rosen. Ach, mein Herr, da sagen Sie etwas sehr Tröstliches.

Justizrath. Wir wissen jetzt wie wir stehen. Ich bin sein Vertrauter.

Mad. Rosen. Listar! Was für ein guter Mann sind Sie?

Justizrath. Glauben Sie das? — Ja, Sie glauben es. Aber zum Theil muß ich diese gute Meinung doch wieder zerstören.

Mad. Rosen. Das können Sie nicht; das kann niemand.

Justizrath. Ja, ja! Ich bin nicht so ganz uneigennützig, wie ich heute versprochen habe zu seyn! — Ich bin wohl gar eigennützig.

Mad. Rosen. Eigennützig? Sie! Fürwahr, das ist unmöglich.

Justizrath. Sie haben Falbring abgewiesen.

Mad. Rosen. Ach, es war nie die Rede von ihm.

Justizrath. Nun meine ich — ich dürfte Ihnen einen andern Vorschlag thun. (Nach einer Pause.) Sagen Sie mir — wäre es Ihnen wohl möglich, mich zu heirathen? — Sie schweigen?

Mad. Rosen. Sie überraschen mich —

Justizrath. Das muß nicht seyn — Ueberlegen Sie es. Ich bin vierzig Jahr alt.

Mad. Rosen. Ihr Herz ist in voller Jugendkraft.

Justizrath. Ich bin kein Liebhaber. Liebhaber werde ich in der Ehe. Deßhalb haben mich alle Mädchen bisher abgewiesen. Alle diese Toilettenbursche, diese allerliebsten Lügner, werden in der Ehe grobe Gesellen. Aber die meisten Weiber sind nun so — Für die Vergötterung eines Vierteljahres verdingen sie sich auf die Galeere ihr Lebelang.

Mad. Rosen. Das ist nur zu wahr.

Justizrath. Ich bin freilich ein bischen heftig —

etwas empfindlich glaube ich. Mein Theil Eigensinn mag ich auch haben; daran ist aber der alte Junggesellenstand Schuld. Dennoch — darauf merken Sie nun — meine ich, es wäre möglich, daß man mir wohl gut seyn könnte, weil ich ein ehrlicher Mann bin. Lieben nicht; das meine ich nicht. Ich bin nicht angenehm. Aber gut bin ich wahrhaftig Ueber dem Gutseyn — wer weiß — fände sich wohl gar noch Liebe? — Jetzt habe ich alles gesagt.

Mad. Rosen. Wenn ich eben so aufrichtig von mir reden sollte —

Justizrath. Lassen Sie das. Ich kenne Sie besser, als Sie Sich selbst. Wenn Sie wollen, so habe ich das große Loos gezogen. — Nur eins bitte ich, halten Sie mich nicht auf — bescheiden Sie mich nicht wieder her. Was Sie thun oder nicht thun wollen, wissen Sie doch — also sagen Sie nun herzhaft — ja — oder — nein!

Mad Rosen (nach einer Pause). Ja! —

Justizrath (gerührt). Wahrhaftig? ich habe doch recht gehört? — Seyn Sie so gut und sagen Sie mir es klar und deutlich — Listar — ich gebe Dir meine Hand.

Mad. Rosen (gibt ihm ihre Hand). Mein lieber Listar!

Justizrath. Nun Gott sey Dank! (Er küßt ihre Hand herzlich) Versprechen wollen wir einander nichts. Wir sind ehrliche Leute, und wir werden glücklich seyn.

Eilfter Auftritt.

Vorige. Kriegsrath Dallner.

Justizrath. Lieber Dallner, was hat sich da zugetragen?

Mad. Rosen. Nicht Falbring — aber dieser Mann bittet um Ihren Segen.

Kriegsrath. Wie ist das?

Justizrath. Sie sollen diesen Segen (auf die Madam Rosen deutend) nicht aus Ihrem Hause ziehen sehen, Vater! aber daß Sie mich in Ihr Haus aufnehmen, mich zum Sohn aufnehmen, darum bitte ich.

Kriegsrath. Sie wollen der Mann meiner Tochter werden?

Justizrath. Ja!

Kriegsrath. Der Vater des guten kleinen Jungen?

Justizrath. Ja!

Kriegsrath. Der Mann einer Frau, die kein Vermögen hat, und mit einer Heirath auch ihre zwei hundert Thaler Pension verliert?

Justizrath. Ja!

Kriegsrath. Sieh da! wie sich das fügen muß. Wenn ich den Mann habe handeln und wandeln sehen, habe ich oft bei mir gedacht, wenn er doch an meiner guten Marie Seite ginge. Ich habe es keinen Hehl — das habe ich gedacht! Nun ist es so gekommen? Desto besser! Nun Kinder, bleibt so, wie Ihr jetzt seyd — so seyd Ihr gesegnet.

Justizrath. Ich habe kein Vermögen, aber es wird schon gehen.

Kriegsrath. Die tausend Thaler, Herr Listar — wo ist doch mein Sohn?

Mad. Rosen. Er ist noch nicht zurück —

Justizrath. Ueber den Reichthum wollen wir hernach schon disponiren.

Kriegsrath. Ja, der Mann — den lasse ich gelten; aber Falbring, das ist eine garstige Seele. Wenn so ein Mann wie Sie mir auf der Straße begegnet, so freue ich mich, und es wird mir wohl, wenn er mir einen guten Tag bietet. Mit dem andern — hätte man nicht füglich ausgehen können, als durch die Nebengäßchen.

Zwölfter Auftritt.

Vorige. Unterofficier Gruner.

Kriegsrath. Nun, Herr Gruner, hat Er den Fürsten gesprochen?

Gruner. Nein! auf der Parade standen so viele Herren um ihn und vor ihm —

Kriegsrath. In der Bataille haben auch viele Herren vor ihm gestanden. Weiter!

Gruner. Ich folgte dem Fürsten von ferne nach dem Schlosse. Dort wandte ich mich an einige Herren. Aber die liefen alle durcheinander, und sahen mich an, als verständen sie mich nicht. Ein alter Kammerherr hörte mich an, und ging hinein, meine Sache vorzutragen. Da kam aber der geheime Kriegsrath Dositz vom Fürsten heraus, mit einem feuerrothen Gesichte, schob mich in ein Gangfenster und sagte: „Ihr habt euern Bescheid von mir schon gekriegt. Nun packt Euch. Den Unruhstiftern ist das Handwerk schon gelegt, das sagt nur dem, der Euch geschickt hat Marsch! — fort!"

Mad. Rosen. Unruhstiftern?

Gruner. Ich habe niemals gezittert, wenn es geheißen hat — Marsch! — Aber wie mir es der Mann heute gesagt hat — habe ich geheult —

Kriegsrath (faßt seine Hand). Nun ists genug, Herr Gruner! Komme Er heute Abend um fünf Uhr zu mir.

Gruner. Soll ich denn auf der Landstraße betteln und sterben?

Kriegsrath (unmuthig). Um fünf Uhr habe ich gesagt.

Gruner. Ganz wohl! (Geht ab)

Dreizehnter Auftritt.

Vorige ohne Gruner.

Justizrath. Sie scheinen einen Entschluß gefaßt zu haben?

Kriegsrath (fest). O ja!

Mad. Rosen. Sie beunruhigen mich.

Vierzehnter Auftritt.

Vorige. Kanzleibote Brand.

Kriegsrath. Ah! Herr Brand —

Brand. Ja, es hat Brand genug gegeben wo ich herkomme. Das war ein Lärmen, ein Geheul —

Kriegsrath. Ist der Bäcker Ehlers arretirt?

Brand. Ist arretirt. Mir hat es einmal nicht gefallen, einen wohlhabenden Mann so mir nichts dir nichts gefangen zu nehmen.

Kriegsrath. Die Papiere sind doch richtig an Ort und Stelle?

Brand. Ei, ja doch! — (Er übergibt ihm ein Papier.) An Sie, Herr Dallner!

Kriegsrath. Um fünf Uhr frage Er wieder nach.

Brand. Sollte es nöthig seyn?

Kriegsrath. Wenn ich es Ihm heiße — so —

Brand. Nun, nun! — ich frage nur (Geht ab.)

Fünfzehnter Auftritt.

Vorige ohne Brand.

Kriegsrath. Mit dem großen Siegel? — Was ist es denn? — (Er liest für sich)

Justizrath Nun, lieber Dallner?

Kriegsrath. Gleich! — gleich! (Er liest weiter)

Mad. Rosen. Was ist es, lieber Vater?

Kriegsrath (wie er gelesen hat, nach einer Pause). Weltlauf! — Ihr mögt es hören. (Er liest) „Wegen Alters und Unvermögens wird der zeitherige wirkliche Kriegsrath Dallner hiermit von heute an seiner Dienste entlassen, und in Ruhe versetzt; Demselben jedoch wegen vieljähriger Dienste seine ganze Besoldung gelassen. Wobei ihm jedoch alles Ernstes bedeutet wird, alles Redens über die Geschäfte und alles unruhigen Betragens sich zu enthalten."

Justizrath (greift hastig nach dem Papier). Wer hat das unterschrieben?

Kriegsrath. Der Fürst!

Justizrath. Bei Gott! — Und er kann den Undank begehen — Er? —

Kriegsrath. Halt! halt! Nicht mit dem Haufen geschrieen! Wem soll er glauben, wenn er denen nicht glauben soll, die er mit Eid und Pflicht an die Spitze des Kollegiums gestellt hat?

Justizrath. Ist Ihnen Eid und Pflicht minder heilig, als andern — muß er Sie nicht auch hören?

Kriegsrath. Gut; aber er kann mich nicht hören, bis ich auch spreche!

Justizrath. Wollen Sie sprechen?

Kriegsrath. Gewiß — das will ich.

Justizrath. Recht, mein Vater, recht! —

Kriegsrath. Ich bin alt, aber ich bin nicht unvermögend.

Justizrath. Das beweisen Ihre Handlungen!

Kriegsrath. Ich verlange Besoldung für Dienste — oder keinen Dienst, und keine Besoldung. — Ich bin kein Ruhestörer.

Mad. Rosen. Müssen Sie aber nicht fürchten, daß man dann —

Kriegsrath. Ich fürchte nichts — so wahr Gott lebt, der mein Thun und Denken sieht — ich fürchte nichts.

Justizrath. Was wollen Sie jetzt thun?

Kriegsrath. Zu meinem Fürsten hingehen — mit Vertrauen und gutem Gewissen — und reden — was zu reden ist!

Mad. Rosen. Und die Folgen?

Kriegsrath. Gott empfehlen und ruhig abwarten. Es mag seyn, daß die Dinge mich angegriffen haben. Zudem es ist drei Uhr! — meine gewöhnliche Ruhezeit, die kann ich nicht wohl übergehen. Ich lege mich nieder, halb vier Uhr will ich nach Hofe gehen. Halb vier Uhr wecke mich auf, meine Tochter!

(Madam Rosen umarmt ihn.)

Justizrath (ergreift seine Hand). Vater!

Kriegsrath. Was ist — lieber Listar?

Justizrath. So will ich leben — so will ich dienen — immer so zur Rechenschaft bereit seyn.

Kriegsrath. Dann lebst Du froh und stirbst sanft. (Er drückt beiden die Hände.) Also — halb vier Uhr! (Geht ab.)

Justizrath und **Mad. Rosen** (sehen ihm nach).

Justizrath. Ruhe sanft! Dein Gewissen bettet dich gut.

Mad. Rosen. Heiter sey dein Erwachen in den Armen deiner Kinder! (Sie umarmt ihn, und beide folgen.)

Vierter Aufzug.

In des Sekretär Falbrings Hause

Erster Auftritt.

Sekretär Falbring kommt aus einem Seitenzimmer und schellt worauf ein Bedienter eintritt.

Falbring. War der Jude noch nicht im Hause?

Bedienter. Nein.

Falbring. Geh zu ihm, sag — ich wartete auf ihn, er soll kommen.

Bedienter. Sehr wohl! (Geht ab.)

Falbring. Der Jude zögert, das wird mir verdächtig.

Zweiter Auftritt.

Falbring. Justizrath Listar.

Justizrath. Nun, mein Herr — Ihr Gang zu Herrn Dositz hat Wunder gewirkt, der Kriegsrath Dallner ist seiner Dienste entlassen.

Falbring. So sagt man — ich kann es aber kaum glauben.

Justizrath. Die Leute, die das veranlaßt haben, sind drum nicht weiter und nicht sicherer. Er ist nach Hofe, um an ein ehrwürdiges gerechtes Tribunal zu appelliren, an das Herz des Fürsten.

Falbring. Daran thut er wahrhaftig wohl.

Justizrath. Und Sie, mein Herr — Sie thun sehr übel, daß Sie der traurigen Situation nicht zuvorkommen, darein Sie gerathen müssen.

Falbring. Sie wollen doch eine ganz eigene Kenntniß meiner Situation besitzen.

Justizrath. Wollen Sie meinen ehrlichen Rath für Ihre schlimme Sache?

Falbring. Den wäre ich freilich begierig zu vernehm n.

Justizrath. Sie sind reich, sehr reich. Wenden Sie Sich an die Gnade des Fürsten mit Offenheit. Opfern Sie Ihren ungerechten Gewinn dem Fond für arme Soldatenwittwen und Kinder — und bitten Sie um Erlaubniß, sich von hier zu entfernen. Der Fürst ist gutmüthig; so retten Sie Ihre Ehre und Ihr übriges Vermögen.

Falbring. Wahrhaftig?

Justizrath. Mein Rath mag unangenehm seyn; aber er ist sicher.

Falbring. Mit Ihrer Erlaubniß wüßte ich für mich einen bessern Rath. Und um Ihre Freundschaft zu erwidern, will ich auch dem Herrn Dallner einen Rath ertheilen: Er soll mich in Ruhe lassen. Er soll die Sache liegen lassen, die ihn doch nicht mehr angeht, da er entlassen ist. Oder er soll gewiß seyn, daß auch ich meiner Seits keine Schonung in einer Sache brauche —

in einer Sache — die seinen Prunk auf die Gewissenhaftigkeit gewaltig niederschlagen wird; das ist mein Rath.

Justizrath. Bei Ihren Handlungen kann nicht die Frage seyn, ob sie gut sind; ich bitte Sie also, bloß zu überlegen, ob die Handlung, die Sie da zu verstehen geben, klug wäre?

Falbring. Ich sollte es meinen. Die Herren Dallner müssen mich bei Gelde lassen, wenn sie selbst bei Ehren bleiben wollen.

Justizrath. Der alte Mann ist unbestechlich.

Falbring. Und ich bin unerbittlich.

Justizrath. Die Mühe — Sie zu erbitten, habe ich mir noch nicht genommen.

Falbring. Kurz und gut; der alte Dallner schweigt, oder ich rede.

Justizrath. Was der Sohn gefehlt haben kann, hat der Vater ausgeglichen. Des Sohnes Fehler gehen nur den Vater an. Unterstehen Sie Sich, diese vor das Publikum zu bringen, so haben Sie es mit mir zu thun.

Falbring. Duelle sind ja verboten, mein Herr Justizrath!

Justizrath. Züchtigung für Niederträchtigkeiten befiehlt das Gesetzbuch des ehrlichen Mannes. (Geht ab.)

Falbring. Aha! — der läuft ohne Segel und Maste, wird wieder in den Hafen müssen. Meine Sachen stehen gut, denn sie negoziren.

Dritter Auftritt.

Sekretär Dallner. Falbring.

Dallner (nach einem Compliment). Hier, mein Herr — zwei Rollen, jede fünf hundert Thaler in Gold — macht tausend Thaler.

Falbring (nimmt sie). Sehr wohl! (Aus einer Brieftasche gibt er ihm ein Papier) Da ist auch Ihre Obligation.

Dallner Ich empfehle mich. (Will gehen.)

Falbring. Wir sind noch nicht fertig

Dallner. Wir haben nichts mehr zusammen zu thun.

Falbring. Ja, das wäre wohl gut für uns beide. Aber die werthe Familie macht sich mit meinem Untergang zu schaffen — und folglich ich mit abgedrungener Nothwehr.

Dallner. Was soll das heißen?

Falbring. Das will ich Ihnen kurz und bündig sagen. Der Papa haben — als Sie noch in den Geschäften waren — mancherlei feindselige Untersuchungen verhängt, und denen zu Folge mich auch beinahe verdächtig zu machen gewußt.

Dallner. Was kann ich dafür?

Falbring. Nichts!

Dallner. Was habe ich also damit zn schaffen?

Falbring. Viel — der Papa ist nunmehr aus diesen Geschäften; drängt er sich aber wieder dazu, und die Sache geht gegen mich wieder vorwärts, so soll der Fürst, der Hof, die Stadt, alle Welt soll erfahren, daß Sie, mein Herr, die tausend Thaler von Ihrem Schwager empfangen und heimtückisch verschwiegen haben, weßwegen so mancher redliche Mann in falschen Verdacht gekommen ist und noch stehet — Jetzt thun Sie, was Ihnen klug dünkt — wir sind fertig — ich empfehle mich!

Dallner. Diese Beschuldigung —

Falbring. Beschuldigung. (Er lacht) Kennen Sie die Hand? (Er zeigt ihm ein Billet.)

Dallner (liest) „An Monsieur Louis Ehlers" — Ja, ich kenne die Hand, das hat die Wittwe Waldner geschrieben (Er gibt es zurück.)

Falbring (hält ihm die inwendige Seite hin). Belieben Sie mitzulesen. (Er liest): „Lieber Louis! ich bitte dich, sag doch niemanden, was ich dir wegen der tausend Thaler von Dallner gesagt habe. Es ist freilich wahr; du hast mir aber versprochen, den armen Narren nicht zu verrathen. Das mußt du halten. Nach sieben Uhr kommt Dallner nicht mehr zu mir; also erwarte ich dich zwischen sieben und acht Uhr." — Brauche ich mehr als das? wie? —

Dallner. Nein, nicht einmal so viel.

Falbring. Wollen Sie nun meine Partie auf eine entscheidende Weise nehmen — so sind Sie geborgen. Wollen Sie?

Dallner. Nein!

Falbring. So sind Sie verloren.

Dallner. Ja!

Falbring. So thue nun jeder von uns das seine, und wehre sich, so gut er kann.

Dallner (mit einem fürchterlichen Blick) Ich verliere — Sie gewinnen. Aber Ihr Gewinn ist gräßlich. (Geht ab.)

Falbring. Entweder — oder — gestürzt oder herausgerissen. Dallners — oder ich.

———

Vierter Auftritt.

Falbring. Bedienter. Hernach Baruch.

Falbring. Kommt der Jude?

Bedienter. Er pressirte nicht sehr Er wollte schon kommen, in ein paar Stunden, sagte er.

Falbring. War er allein?

Bedienter. Allein.

Falbring. Was macht er?

Bedienter. Er las in Papieren.

Falbring. Was für Papiere? Wie sahen sie aus? — Groß — klein — viele Bogen — oder Ein Bogen — ein Blatt — ein Zettel — was las er?

Bedienter. Es mochten ein fünf — sechs große Bogen seyn. Wie ich hinein kam, fuhr er damit in die Rocktasche.

Falbring. Geschwind oder langsam?

Bedienter. Sehr geschwind.

Falbring. Wie sah er aus? Lustig oder ernsthaft?

Bedienter. Lustig, wie einer, der einen guten Handel gemacht hat.

Falbring Und — war er höflich gegen Dich?

Bedienter. Gar nicht. Er hat mir keinen Stuhl geboten.

Falbring. So?

Bedienter. Hat auch den Hut nicht einmal gerückt

Falbring. So — (In Gedanken.)

Baruch (tritt ein).

Falbring. Ah — Herr Baruch! — (Zum Bedienten.) Geh hinaus! Es wird niemand zu mir gelassen. (Bedienter geht.) Nun, Herr Baruch! Hier sind fünfzig Louisd'or. Wo ist mein Papier?

Baruch. Das Papier? Fragen Sie doch erst, ob mirs feil ist.

Falbring (wüthend) Baruch, ich werde Gewalt brauchen.

Baruch. Gewalt? — Nu! Sie haben doch auch nur fünf Finger an jeder Hand, als wie ich.

Falbring (verschließt die Thür).

Baruch. Was solls?

Falbring. Ich sehe, daß der ganze Jude hervorguckt, und daß ich um mein Geld gebracht werden soll.

Baruch. Der Jude ist ein Mensch; es kann doch auch einmal beim Juden mit Gewalt der ganze Mensch hervorblicken.

Falbring. Ich gebe achtzig Louisd'or.

Baruch Besser!

Falbring. Hundert.

Baruch. Besser!

Falbring. Nein, keinen Heller mehr.

Baruch. O weh! Hundert und zwanzig zum ersten, zum zweiten — Nu! Noch nicht besser? Und zum —

Falbring (zieht eine Sackpistole hervor). Hundert und zwanzig.

Baruch (ruhig). O — Spaß!

Falbring. Ernst, fürchterlicher Ernst.

Baruch. Fürchterlich? Warum? Machen Sie mich todt, so werden Sie gehenkt. Wann Sie am Galgen hängen, was hilft Ihnen Ihr Geld? Treffen Sie mich nicht — so hats doch geknallt. — Da kommen Leute — ich bin frei — und Sie schieben den Karren. Was ists mehr?

Falbring (außer sich). Baruch!

Baruch. Thun Sie das Ding weg!

Falbring (steckt die Pistole ein). Wohl!

Baruch. So, ja! So ists recht.

Falbring. Dein gehört Geld — mein das Papier; wir sind Handels eins geworden.

Baruch. Solche Waare, als das Papier — womit man das Brandmark abkaufen kann — die steigt von Minute zu Minute im Preise.

Falbring. Betrüger!

Baruch. Was für Reden! Wer bin ich doch, daß mich so ein gewaltig ehrlicher Mann einen Betrüger heißt? — Nu! da Sie das Papier doch nicht bei mir lassen wollen, so geb ich es einem dritten Mann aufzuheben. Ich bring es zu dem Listar.

Falbring. Aha! — Solls da hinaus! (Nach einer Pause macht er die Thür auf und kommt zurück) Fort auf der Stelle! Fort, trag das Papier zu Listar.

Baruch. Warum nicht?

Falbring. Gleich geh zu ihm, Wurm! Du übersiehst mich nicht — ha ha ha! die Haare wirst Du Dir noch ausreißen über Deine Narrheit. Ich kann viel Geld verlieren, wenn Dallner das Papier braucht — Dallner aber — wenn er es braucht — so verliert er — Ha ha ha — geh! — trage es hin!

Baruch. Haman — haben Sie gelesen vom Haman? Wann Sie sollten an Hamans Platz hinankommen, die ganze Armee käme und guckete zu. (Geht ab.)

Falbring Alles steht auf dem letzten Spiel, nun gerade darauf zugegangen. Die Dallner sollen mich retten. Retten — ohne meinen Dank, oder sie sollen fallen — so tief — tiefer als ich. (Geht ab.)

Fünfter Auftritt.

Es verwandelt sich in des Kriegsrath Dallners Haus.

Justizrath Listar. Madam Rosen.

Justizrath. Ruhig, liebe Madam!

Mad. Rosen. Ich kanns nicht seyn; ich kann nicht.

Justizrath. Es scheint uns so, als ob der Vater lange ausbliebe, weil wir ihn sehnlich erwarten.

Mad. Rosen. Das Schloß ist doch nahe genug!

Justizrath. Wer weiß auch, ob er beim Fürsten gleich vorgelassen ist.

Mad. Rosen. Ich kann die traurigen Ahnungen nicht unterdrücken. Sie selbst — Sie sind sehr ernsthaft.

Sechster Auftritt.

Vorige. Unterofficier Gruner.

Gruner. Herr Justizrath! — Herr Justizrath! —

Justizrath. Was gibts?

Gruner. Ein Wort allein; nehmens nicht übel, Madam!

Mad. Rosen. Was ist geschehen?

Gruner. Mancherlei — Ein Wort allein, Herr Justizrath!

Mad. Rosen (geht ab).

Siebenter Auftritt.

Justizrath Listar. Gruner.

Gruner. Mir ist nichts geschehen. Mir nichts, dem alten Kriegsrath — ach Gott! — dem steht was bevor.

Justizrath. Rede Er.

Gruner. General Löber schickt mich her, der brave Mann.

Justizrath. Und —

Gruner. Wie die Soldaten gehört haben, daß nun der Lieferungsbetrug nicht mehr würde untersucht werden — und daß der alte Herr Kriegsrath entlassen wäre — nun da hat mancher dumme Reden fallen lassen, wie so einfältige Leute sind —

Justizrath. Weiter, weiter!

Gruner. Nun ja! Das hat man dem Herrn hinterbracht, man hats vergrößert, man hats verdreht, man hat gesagt, der alte Herr Kriegsrath hielte die Leute in der Unruhe — und er gebrauchte mich dazu.

Justizrath. Die Betrüger, die Betrüger!

Gruner. Wir sollen beide weggebracht werden —

Justizrath. Weggebracht?

Gruner. Der Herr Kriegsrath und ich — nach dem Schlosse Marenstein.

Justizrath. Der alte Mann ist ja im Schlosse bei dem Fürsten selbst.

Gruner. Ach Gott, nein! Am Markte steht er und redet mit dem alten Hofrath Berger.

Justizrath. Ich will gleich zu ihm gehen. Der Madam Rosen sage Er nichts. Kein Wort!

Achter Auftritt.

Madam Rosen. Vorige.

Mad. Rosen. Der Jude Baruch ist draußen, und wünscht Sie zu sprechen,

Justizrath. Hernach.

Mad. Rosen. Er ist dringend. Es betrifft den Vater, sagte er. Sprechen Sie ihn.

Justizrath. Nun gut! Herr Gruner — gehe Er hin und sage Er dem Herrn Kriegsrath — ich ließe ihn bitten zu uns zu kommen.

Gruner. Sehr wohl!

Justizrath. Hernach gehe Er nach Hause und halte Er sich ruhig.

Gruner. Sehr wohl! (Geht ab.)

Mad. Rosen. Ist mein Vater nicht bei dem Fürsten?

Justizrath. Schon zurück.

Mad. Rosen. Wo ist er denn?

Justizrath. Er wird nun gleich hier seyn. Fest und stark, Marie! — Lassen Sie uns unsers Vaters würdig seyn! Wir sind es, wenn wir größer sind als das Unrecht, das Unrecht, das uns geschiehet. (Geht ab.)

Neunter Auftritt.

Madam Rosen allein.

So geschiehet ihm denn Unrecht? — So will man so viel Redlichkeit mißhandeln? O Vater — Vater!

Zehnter Auftritt.

Madam Rosen. Sekretär Dallner.

Dallner. Ist es wahr, Marie? — Der Vater ist entlassen?

Mad. Rosen. Entlassen.

Dallner. Nach vierzigjährigen Diensten?

Mad. Rosen. Als Ruhestörer verleumdet.

Dallner. Haben sie es dahin gebracht!

Mad. Rosen. Er ist nach Hofe gegangen, sich zu rechtfertigen, Dienste zu fordern, oder auch keine Besoldung.

Dallner. Ich bin sein Unglück.

Mad. Rosen. Du?

Dallner. Ja, Marie! Ich hindre es, daß mein Vater nicht in seiner ganzen Würde handeln — in der vollen Klarheit des unerschrockenen redlichen Mannes da stehen kann. Bei jedem Schritte, den er thun könnte, bin ich ihm im Wege — das wissen sie wohl, die Betrüger.

Mad. Rosen. Quäle Dich nicht mit Vorwürfen —

Dallner. Wenn doch alles auf mich allein fiele, was ich verdiene. Wenn ich doch alles büßen könnte, was meine Albernheit angerichtet hat. — Denn — Bosheit hab' ich nicht. (Er reicht ihr die Hand.) Bosheit wahrlich nicht, Marie!

Mad. Rosen. Das weiß ich ja.

Dallner. Und doch — doch wird man noch mit Verachtung auf mich sehen; das ist hart.

Mad. Rosen. Warum siehst Du doch alles so schwarz!

Dallner. Für mich wird es nie mehr hell — nie, nie, nie! Wenn jedermann mit Fingern auf mich deutet, was soll da der arme Vater thun? — Wünschen, daß ich nie geboren wäre.

Wenn Du an meiner Seite gehst — und mußt erröthen, wenn der Blick der Menschen von mir auf Dich fällt — mußt Du nicht wünschen —

Mad. Rosen. Bruder, hör' auf, Du bist schrecklich'

Dallner. Ach nein — arm bin ich — ich kann nicht bezahlen; keine Forderung an mich; Dich — gar nie, nie! Erlaß mir meine Schuld, Schwester! sey gut mit mir — sieh mich freundlich an — gib mir Deine Hand.

Mad. Rosen (legt ihren Arm um seine Schulter und weint)

Dallner. Weine nicht! — o weine nicht! Deine weinenden Augen sind ja der Schuldbrief, der mich so schrecklich verfolgt. Kannst Du — so lächle noch einmal — sieh mich zufrieden an — wie damals in der schönen Zeit, als ich fünfzehn Jahre alt war. (Er reißt sich los.) — Als mein Vater mit Wohlgefallen auf mich sah, und Du von der schönen Zukunft mit mir sprachest, wie ich den guten Vater im Alter pflegen würde! — O Marie! — da hatten mich die Menschen noch nicht betrogen — und ich — ich hatte Euch noch nicht betrogen. Vergib mir — drücke Deinen Feind an Deine Brust. (Er umarmt sie.) Vergib, was geschehen ist, und was —

Mad. Rosen. Warum hältst Du inne? Rede! Was geschieht noch — was treibt, was ängstet Dich — was kann noch geschehen? Verschweige mir nichts, rede! um meiner Liebe, meiner Sorge willen — rede! wenn Du mir Dank schuldig bist, so trage ihn jetzt ab — rede, was kann Dir bevorstehen?

Dallner (mit ineinander geschlagenen Händen). Ich weiß es nicht. — Es komme aber was da wolle — Fluche mir nicht!

Eilfter Auftritt.

Vorige. Ernst.

Ernst. Onkel! ich habe einen neuen Vater.

Dallner. So?

Mad. Rosen. Ja — Listar wird Dein Schwager.

Dallner. Wird er? Gott Lob! Er wird Dir vieles — alles seyn! — Ich sehe den Kleinen da glücklich. O das ist schön, das ist herrlich!

Ernst. Du bist nicht mehr mein Vater?

Dallner. Nein, mein Kind!

Ernst. Der neue Vater will oft bei mir seyn. Du bist nicht oft bei mir gewesen.

Dallner (hebt das Kind auf und herzt es) Vergib mir — vergib mir und sey glücklich. (Er setzt ihn auf den Arm und geht einige Schritte von Madam Rosen.) Ernst — lieber Ernst, mein guter, kleiner, lieber Junge! Ich habe Dich doch lieb, wenn ich auch oft nicht bei Dir war. Wenn Du älter geworden bist, wer weiß, wo ich bin — dann denke an mich. (Er gibt ihm seine Uhr.) Sieh, diese Uhr ist Dein.

Ernst Schenkst Du mir die Uhr?

Dallner Ich schenke Dir was ich habe; (er umarmt ihn) gebrauche Deine Stunden in der Welt gut. Sage nie eine Unwahrheit, nicht Deiner Mutter, nicht Deinem Vater, nicht aus Liebe, nicht aus Furcht, nicht zum Scherz — niemals rede eine Unwahrheit. Wahrheit ist Segen — Unwahrheit ist Fluch! hörst Du — Fluch. Willst Du daran denken, daß ich Dir das gesagt habe?

Ernst. Ja, lieber Onkel!

Dallner (sieht ihn eine kleine Weile starr an). Gott sey mit Dir! (Er setzt ihn hin und gibt ihn der Schwester.)

Mad. Rosen. Du hast Deine Uhr verschenkt.

Dallner (mit wehmüthigem Lächeln) Ich bedarf keiner Uhr — meine Stunden stehen vor mir.

Ernst (hält die Uhr ans Ohr). Sie ist ganz still, sie geht nicht.

Dallner. Meine Uhr ist abgelaufen.

Ernst. Da — zieh sie auf, Onkel!

Dallner Nein, mein Kind, ich ziehe sie nicht mehr auf, das wird Dein Vater thun.

Zwölfter Auftritt.

Vorige. Justizrath Listar.

Mad. Rosen (geht Listarn entgegen). Listar — schaffen Sie mir Ruhe über diesen Menschen — bemächtigen Sie sich seiner. Ich weiß nichts — ich fürchte alles. Sie stehen mir für ihn. Komm, Kleiner! (Sie geht mit Ernst ab.)

Dreizehnter Auftritt.

Sekretär Dallner. Justizrath Listar.

Justizrath. Was machen Sie? Gönnen Sie doch der armen Frau eine ruhige Stunde.

Dallner. Ich werde ihr Ruhe verschaffen.

Justizrath. Reden Sie deutlich.

Dallner. Die Wittwe Waldner hat mich betrogen.

Justizrath. Und verrathen.

Dallner. Ich weiß alles.

Justizrath. Schändliche Kreatur!

Dallner. Falbring weiß alles, alles! Mir — meinem Vater — Ihnen — stehen Hohngelächter und Schande bevor; das überlebe ich nicht, so wahr —

Justizrath. Halt! Junger Mensch! — keinen Schwur! Schwüre muß man halten.

Dallner. Und sein Wort. Ich kann niemanden mehr Wort halten. Ein verächtlicher Mensch kann weder arbeiten noch erwerben. Ich bin verloren.

Justizrath. Für dieß Land. (Er zieht die Schultern.) Ja —

Dallner. Ohne Rettung.

Justizrath. Für dieß Land — ja, aber es gibt Auswege.

Dallner. Ich kenne nur einen!

Justizrath. Welchen? — Reden Sie. Ich bin ein Mann, Ihr Bruder, reden Sie. Von ihrem letzten Richter an dieses Herz hingewiesen, frage ich Sie bei Ihrer ewigen Verantwortung welchen Ausweg haben Sie?

Dallner (bedeckt verzweiflungsvoll sein Gesicht).

Justizrath (geht nach einer Pause zu ihm, reißt seine Hände herab, sieht ihn an) Mensch, Du willst Dich ermorden!

Dallner (sieht starr vor sich hin).

Justizrath (geht von ihm). Du bist ein schlechter Kerl, wenn Du das thust.

Dallner. Kein Zugmittel wirket auf den hoffnungslosen Kranken mehr.

Justizrath. Baruch, der ehrliche Jude, will ein Papier von Falbring ausliefern, wodurch wir ihn in Händen haben. Sollte es dennoch aufs äußerste kommen, so —

Dallner. Es ist schon dazu gekommen, Mehrere wissen meine Schande

Justizrath. So leben Sie anderwärts mit Ihrem Talent, ein neues Leben, ein besseres Leben. Gehen Sie von hier, sonst hindern Sie Ihren Vater zu handeln.

Dallner. Ich bin ohne Kraft — ich bin vorbei. Niemand kann Leben und Ehre wieder geben. Mir ist nicht mehr zu helfen, lassen Sie ab von mir.

Vierzehnter Auftritt.

Vorige. Kriegsrath Dallner. Mad. Rosen.

Mad. Rosen. Reißen Sie mich aus der Ungewißheit, lieber Vater, wie ist es Ihnen gegangen?

Kriegsrath (geht auf seinen Sohn zu, und sieht ihn an).

Justizrath. Wie war es, lieber Vater?

Kriegsrath. Nicht gut.

Mad. Rosen Nicht?

Justizrath. Haben Sie den Fürsten gesprochen?

Kriegsrath. Ich bin abgewiesen. Weßhalb haben Sie mich rufen lassen, Herr Justizrath?

Justizrath. Die Unruhe Ihrer guten Tochter —

Kriegsrath. Meine gute Tochter? Ja wohl, ja wohl, das ist sie — meine arme Tochter! Nun — seyd so gut — laßt mich einen Augenblick mit dem da allein.

(**Justizrath** geht einige Schritte; **Madam Rosen** bis an die Thür.)

Kriegsrath. Sag mir — ist es wahr, ist es möglich, hast Du wirklich die tausend Thaler? (Zu den andern.) Geht doch, geht!

Justizrath. Nein, lieber Vater, ich habe ein Recht Ihre Sorgen zu theilen. Ich gehe nicht.

Mad. Rosen (kommt zurück).

Kriegsrath. Ich bitte Euch — geht!

Justizrath. Ich darf nicht.

Mad. Rosen. Mein Gott!

Kriegsrath. Komm zu mir! daher!

Dallner (geht zu ihm).

Kriegsrath. Sieh mir ins Auge.

Dallner (wirft einen Blick des Jammers auf ihn).

Kriegsrath. Es ist wahr! — Großer Gott — es ist wahr! (Er setzt sich entkräftet)

Mad. Rosen (erstarrt — halblaut). Listar!

Justizrath (winkt ihr zu schweigen).

Kriegsrath (steht auf). Geh hinaus, Bösewicht!

(**Dallner** geht; **Justizrath** hält ihn zurück.)

Mad. Rosen. Vater! — Lieber Vater! Bruder! Listar! was ist das?

Kriegsrath. Schande, meine Tochter!

Dallner. Vater! — ich bin kein Bösewicht. Ich habe thöricht — ach — unbegreiflich habe ich gehandelt — aber ich bin kein Bösewicht!

Kriegsrath. Ich bin ein ehrlicher Mann — und habe mit Dir nichts mehr zu schaffen.

Dallner. Mein Stab ist gebrochen.

Kriegsrath (tritt bei ihm vorüber zu Listarn). Wissen Sie denn —

Justizrath. Alles!

Dallner. Haben Sie Mitleiden mit dem unglücklichen Geschöpfe, dem Sie das Daseyn gegeben haben!

Kriegsrath. Das Daseyn — ja, aber auch Grundsätze

von Ehre und Redlichkeit. Ich fluche Dir nicht — meinen Segen fordere nicht. Unsere eigenen Handlungen sind uns Segen oder Fluch.

Dallner (mit Wehmuth). Lebt wohl! (Geht ab)

Mad. Rosen (folgt).

Justizrath (ruft ihr nach). Gehen Sie ihm nicht von der Seite.

Fünfzehnter Auftritt.

Justizrath Listar. Kriegsrath Dallner.

Kriegsrath. Der Vater abgesetzt, der Schwager ein Lügner und Betrüger! — Was für eine Heirath wollen Sie da schließe? Wollen Sie nach getragener Tageslast Trost bei Ihrem Weibe suchen, so finden Sie Thränen über Vater und Bruder! Wollen Sie mit ihr ausgehen, so begegnen Sie dem Spott und Hohn auf vielen Gesichtern; die Heirath wird Ihr Unglück, stehen Sie davon ab.

Justizrath. Freude und Leid will ich mit Ihrer Tochter theilen, ich warte nicht auf Priestersegen, um das Wort meines Herzens zu heiligen.

Kriegsrath. So lasse Gott Ihr Wort nicht schwer auf Ihnen ruhen.

Justizrath. Lieber Vater — Falbring weiß die Geschichte mit Ihrem Sohn. Er wird Sie gebrauchen wollen, um Sie schweigen zu machen.

Kriegsrath. Mein Herz können die Unmenschen brechen — meine Pflicht und meinen Eid nicht.

Justizrath. Eilen Sie nach Hofe, Ihnen droht Gefahr.

Man hat Sie für gefährlich ausgeschrieen; fordern Sie die Entlassung Ihres Sohnes. Er muß von hier fort. Dann können Sie reden und handeln.

Kriegsrath. Von hier fort? Ja, es ist nöthig. Und gleich.

Justizrath. Eilen Sie, Ihnen droht persönliche Gefahr.

Kriegsrath. Nun wohl, ich will mich noch einmal melden lassen. Meinen Sohn will ich aber noch sprechen.

Justizrath. Die Gefahr des Verzugs —

Kriegsrath. Ei was! — Der Vater geht vor; ich war eher Mensch als Kriegsrath. Rufen Sie ihn her.

Justizrath (geht ab).

Kriegsrath. Guter Gott! — gib mir Kraft und Stärke — laß mich nicht ganz fallen!

Sechzehnter Auftritt.

Kriegsrath Dallner. Sekretär Falbring.

Kriegsrath. Was wollen Sie hier?

Falbring. Vor Unglück warnen. Sie wollen mich ins Verderben bringen.

Kriegsrath. Ihre Handlungen verderben Sie!

Falbring. So wissen Sie denn, daß Ihr Sohn —

Kriegsrath. Mein Sohn und mein Dienst haben nichts mit einander zu schaffen.

Falbring. Aber mein Gott, Sie sind jetzt außer Dienst —

Kriegsrath. Der Fürst hat mich entlassen — die Menschheit und die Tugend entlassen mich nie.

Siebzehnter Auftritt.

Madam Rosen. Sekretär Dallner. Justizrath Listar. Vorige.

Justizrath. Sie unterstehen sich hierher zu kommen?

Falbring. Hören Sie mich an, mein Herr — unsere Feinde reden oft mehr Wahrheit als —

Kriegsrath. Rede, Feind! — ich höre.

Falbring. Wer auch etwa das Vergehen Ihres Sohnes vermuthen möchte — beweisen kann es niemand, als ich. Lassen Sie meine Sachen ruhen, ziehen Sie mich heraus, geben Sie mir ein gewisses Papier wieder — das Sie haben — oder bekommen werden, so zernichte ich die Beweise gegen Ihren Sohn; wo nicht, so ist er für die Ehre verloren.

Justizrath. Bösewicht, der seines Gleichen nicht hat!

Kriegsrath. Mein Sohn! — ich bin schuldig mit meinem Tode Dein Leben zu retten, das würde ich thun; Deine Ehre kann ich nicht retten. Sieh, ich bin hingestellt von Gott und meinem Herrn, für das Recht gegen Unrecht zu kämpfen. Ich weiß, wie viel hundert Menschen in Todesnoth ihren Fürsten vor Gott angeklagt haben, ich habe das Angstgeschrei von Wittwen und Waisen gehört, die von diesem Unmenschen geplündert sind. Die Menschheit fordert mich auf, mein Eid fordert mich auf, und ich sollte schweigen — nur damit niemand erfahre, daß mein Sohn seinen Vater und seine Schwester hintergangen hat? — Nein, trage die Folgen Deiner Unredlichkeit, weinen will ich um Dich, meinen letzten Heller mit Dir theilen; aber Wahrheit will ich reden, und wenn die Stunde, wo ich sie sagen werde — die letzte meines Lebens seyn sollte.

Dallner. Meines Vaters Erniedrigung wäre meine schrecklichste Strafe. Thun Sie Ihre Pflicht.

Kriegsrath. Sie haben Ihre Antwort — Gehen Sie von hier, mein Herr!

Falbring. Ich bin vielleicht verloren. Dieser ist es gewiß. (Er geht.)

Mad. Rosen. Bleiben Sie! — Vater, um Gottes willen! —

Justizrath (packt ihn am Hals) Genug hast Du gefrevelt!

Kriegsrath (reißt ihn zu sich). Hierher, ehrlicher Mann! Er soll unverletzt von hier gehen — Mein Entschluß ist genommen, vollführe den Deinigen. (Er deutet auf die Thür.) Hinaus!

Falbring (geht ab).

Achtzehnter Auftritt.

Vorige ohne Falbring.

Kriegsrath. Mein Sohn — was in Deiner unglücklichen Lage die Ehre und die Klugheit Dir anrathen — mag ich Dir nicht sagen. Es fällt mir hart.

Dallner (beugt sich über seine Hand)

Kriegsrath. Berathe Dich mit diesem guten Manne, und handle. Was Du zu thun hast, das thue gleich. Was ich mein nennen kann, theile ich gern mit Dir. Listar, da sind die Schlüssel zu meinem Schreibtische; es ist etwas Geld darin, auch ein guter Ring von seiner seligen Mutter — thun Sie alles, was Sie gut finden.

Dallner (kniet vor ihm) Vater, ich kann das nicht überleben, ich kann nicht.

Kriegsrath. Du hast meine Vergebung, ermanne Dich. Ein Bösewicht verzweifelt — ein unglücklich Gefallner trägt die verdiente Last, und handelt. Steh auf! — meine Tochter — komm zu mir her. Kinder! Kinder! — dieß Leben ist nur ein Athemzug. — In einer bessern Welt werden wir fortwirken. — Am großen Feiertage sehen wir uns wieder. — Gebt mir alle Eure Hände — alle! — Wir wollen uns alle wiedersehen — alle! — Gott lasse mich keinen von Euch vermissen! (Alle weinen.)

Dallner (schluchzt laut).

Kriegsrath. Ich gehe nun zu dem Fürsten; lebt wohl! Adieu, Listar! (Er gibt ihm die Hand.) Vertreten Sie hier meine Stelle. Adieu, Marie! — Du bist Mutter, fasse Dich! (Er geht zu seinem Sohn.) Leb wohl! Gott sey mit Dir! Leb wohl!

Dallner (stürzt vor ihm nieder und umfaßt seine Kniee). Vater! — Vater!

Kriegsrath. Daß ich einst keinen vermisse — keinen — keinen! daß ich Dich wieder finde! das sey mein Segen. (Er reißt ihn zu sich hinauf, umarmt ihn, und sagt mit Heftigkeit:) Leb wohl! (Er macht sich los und geht.)

Justizrath (faßt ihn in die Arme).

Mad. Rosen (tritt zu ihm).

Fünfter Auftritt.

Zimmer vor dem Vorzimmer des Fürsten

Erster Auftritt.

Leiblakai Wender kommt von der linken Seite, geht leise an die Mittelthür und horcht, von da geht er an der rechten Seite hinaus, kommt nach einer kleinen Pause wieder herein, geht an die Thür linker Hand und winkt. **Falbring** tritt ein

Wender. Kommen Sie, kommen Sie herein. Bis jetzt geht alles noch gut, der Fürst hat ihn noch nicht gesprochen.

Falbring. Den alten Dallner?

Wender. Nein! vor zwei Stunden habe ich ihn abgewiesen.

Falbring. Er kommt wieder, er kommt wieder!

Wender. Er ist schon da!

Falbring. Wo denn?

Wender. Im großen Vorzimmer da draußen. (Er deutet nach der rechten Seite.) Sorgen Sie nicht; von den Bedienten läßt ihn niemand herein. Der Fürst will auf die Jagd. Die

Chaise will ich pressiren, daß sie kommt, und er läßt sie niemals lange warten.

Falbring. Da, lieber Wender, für Ihre Mühe! (Er gibt ihm Geld.) Sie kommen doch heute Abend auf ein Gläschen?

Wender. Ja! Wenn der Herr erst auf die Jagd ist, sind Sie geborgen. Der Verhaftsbefehl wird gegeben, sagt Herr Dositz. Er kommt nach Marenstein.

Falbring. So melden Sie mich doch geschwind, Herr Wender, geschwind!

Wender. Fassen Sie Sich nur kurz. (Er geht in die Mitte ab.)

Falbring (zupft an der Kleidung, trocknet die Stirn, stehet dann unbeweglich, alles sehr ernsthaft).

Wender (kommt wieder). Er kommt!

Falbring. Nun — heute Abend —

Wender. Ich komme. Jetzt will ich dem Alten den Weg verrammeln. (Er geht rechts ab.)

Zweiter Auftritt.

Der Fürst. Falbring.

Fürst. Was gibts, Herr Falbring?

Falbring. Ihro Durchlaucht habe ich eine allerunterthänigste Eröffnung zu thun.

Fürst. Nur zu!

Falbring. Aus wahrer Liebe für das allgemeine Beste und Ihro Durchlaucht höchsten Dienst, habe ich an der Lieferung des Bäcker Ehlers für die Arme Antheil genommen.

Fürst. Man ist mit dieser Lieferung sehr unzufrieden.

Falbring. So höre ich mit Schrecken.

Fürst. Warum mit Schrecken?

Falbring. Ihro Durchlaucht Unzufriedenheit, und wenn jemals die braven Truppen sollten verkürzt worden seyn — so erheischt die Menschenpflicht — und meine eigene Beruhigung — das auf alle mögliche Art gut zu machen.

Fürst. Allerdings, das ist gut gedacht.

Falbring. Ich könnte sonst nicht ruhig seyn. Ob schon ich nur einen Theil der Anschaffung hatte — und mit der Vertheilung nicht beschäftiget war — auch für eine — allenfalls mögliche schlechte Aufführung der Unterbedienten nicht stehen kann, so —

Fürst. Das mag möglich seyn. Aber der Kriegsrath Dallner —

Falbring. Ach, Ihro Durchlaucht —

Fürst. Was ist?

Falbring. Soll denn auch ich gegen den redlichen, unglücklichen, heftigen Mann sprechen?

Fürst. Heftig ist er, eigensinnig und unruhig.

Falbring (zuckt die Achseln).

Fürst. Sehr unruhig.

Falbring. Er ist alt.

Fürst. Deßhalb schone ich ihn.

Falbring. Er wird auch von Andern gemißbraucht.

Fürst. Von wem?

Falbring. – Angeben ist meine Sache nicht.

Fürst. Und ausfragen ist nicht meine Sache — Warum nennen Sie ihn unglücklich?

Falbring. Ihro Durchlaucht Ungnade —

Fürst. Die hat der alte Dallner nicht; ich will nur seinen widerwärtigen Humor unschädlich machen.

Falbring. Sehr huldreich! (Seufzt.) Aber dennoch — die Geschichte mit den tausend Thalern.

Fürst. Er hat sie bezahlen müssen, das weiß ich.

Falbring. Vermögen hat er nicht, das hat ihm denn sehr großen Groll gegen mich beigebracht. Nun die Geschichte mit seinem Sohne dazu —

Fürst. Welche Geschichte? —

Falbring. Diese tausend Thaler, wovon man nicht wußte wohin sie gekommen waren — hat sein Sohn der Sekretär Dallner —

Fürst. Genommen, entwendet?

Falbring. Bewahre! — entlehnt und verschwiegen.

Fürst. Ei so dauert mich der Alte.

Falbring. Alles dieß läßt ihn so leidenschaftlich gegen mich handeln, fast wüthend macht es ihn, so — daß er die Gelegenheit mir zu schaden sucht — erdichtet, so, daß Ihre Durchlaucht ich allerunterthänigst bitten muß, in Verlauf der Sache darauf einige Rücksicht nehmen zu wollen.

Fürst. Mein Herr Falbring, nicht Dallner, nicht ich - nicht Sie, können und dürfen in der Lieferungssache etwas für Sie oder gegen Sie thun. Die Untersuchung muß den Mann bewähren. Diese habe ich dem geheimen Kriegsrath Dositz bereits aufgetragen.

Falbring. Gott Lob! so wird meine geschmälerte Ehre wieder hergestellt.

Dritter Auftritt.

Vorige. Wender.

Wender. Der Wagen ist da!

Fürst. Haben Sie noch etwas zu sagen?

Falbring. Der höchsten Gnade mich allerunterthänigst zu empfehlen.

Fürst. Adieu, mein Herr Falbring!

(Er geht in die Mitte ab.)

Vierter Auftritt.

Falbring. Wender.

Falbring (gibt Wendern Geld). Eine recht gnädige Audienz, ich bin ganz gerührt.

Wender. Noch eins! — Da ist der alte Kammerherr von Falkenberg drin beim Fürsten —

Falbring. Wer ist der? —

Wender. So ein Landedelmann. Der Fürst hat ihn erst zum Kammerherrn gemacht. Der geht nicht mit auf die Jagd, geht gewöhnlich vorher nach Hause und da durch. (Er deutet auf die rechte Seite.) Ich kenne ihn weiter nicht, es macht niemand viel aus ihm, aber er ist ein armer Herr — wenn Sie dem so en passant ein Döschen — ein Etuichen offeriren wollten, damit er nicht etwa noch meldet, was er so im Durchgehen siehet.

Falbring. Sollte das angehen?

Wender. Er ist blutarm, sage ich Ihnen.

Fünfter Auftritt.

Vorige. Kammerherr von Falkenberg.

Wender. Da ist er. (Er geht in der Mitte ab.)

Falkenberg (will rechts hinaus gehen).

Falbring. Gnädiger Herr —

Falkenberg. Wollen Sie dem Fürsten gemeldet seyn?

Falbring. Ich habe schon die Gnade gehabt Ihro Durchlaucht aufzuwarten, ich wollte nur für die Audienz meinen Dank abstatten.

Falkenberg. Wer sind Sie?

Falbring. Sekretär Falbring, gehorsamst aufzuwarten.

Falkenberg. Aha — der Leiblakai hat Sie vorhin gemeldet. Empfehle mich!

Falbring. Es ist dennoch durch Dero Protektion geschehen, daß ich die Gnade -

Falkenberg. Melden gehört zur Aufwartung, ist mein Dienst, also Schuldigkeit und keine Protektion. Ja oder Nein sagen — ist des Fürsten Sache.

Falbring. Beruhigen Sie mich doch über den guten, gnädigen, lieben, lieben Fürsten. Er sieht so bleich aus. Aber die Sorgen, die Unruhen! — Da hat ihm der alte unruhige Kriegsrath auch einen bösen Tag gemacht.

Falkenberg. Das sagt man.

Falbring. Ach der Mann ist sich selbst nicht hold.

Falkenberg. Man hört hier nicht viel Gutes von ihm.

Falbring. Er ist heftig — verleumderisch — spionirend — angebend. Was thut ein solcher Mensch, als redliche Bürger kränken, und dem guten Fürsten das Leben sauer machen. — Solche Leute sollte man gar nicht vorlassen. (Er bietet ihm Tabak.) Darf ich wagen?

Falkenberg (will eine Prise nehmen). Solche Leute taugen freilich nicht.

Falbring (schiebt ihm die Dose in die Hand). Bedienen Sie Sich — das wäre zum Exempel für treue Diener eine Pflicht, Leute der Art lieber nicht zu melden, als den Herrn zu kränken.

Falkenberg (gibt die Dose zurück).

Falbring. Sie ist in den besten Händen.

Falkenberg. Was?

Falbring. Ein kleines Andenken für die gnä'ige Audienz.

Falkenberg. Haben Sie mich zum Besten?

Falbring. Mit Bitte — solche Brausköpfe nicht zu melden, daß der gute liebe Fürst seine Regierung ohne Aerger führen möge.

Falkenberg. Was bilden Sie Sich ein? Ein Kammerherr muß den Weg offen halten, daß jedermann mit seiner Noth an die Herzensthüre anklopfen kann. Das ist ein Ehrenposten, und deßhalb sollten wir billig den Kammerschlüssel auf den Herzen tragen. Sie aber wollen mich wegkaufen und zur verlornen Schildwache machen.

Falbring. Ach Gott, nein, Ihr Gnaden!

Falkenberg. Reich bin ich nicht. Aber wenn ich mein Wappen aufdrücke, so denke ich — offner Helm — offne Stirn — offne Augen — offne Rede und That. (Er wirft die Dose auf die Erde.) Packe Er sich hinaus — Beutelschneider!

Falbring. Gerechter Gott! (Er will links ab)

Falkenberg. Die große Treppe hinunter! Dort hinaus!

Falbring (geht rechts ab).

Falkenberg. Daher kommt eben alles Unheil, daß deines Gleichen die geheime Treppe gehen.

Sechster Auftritt.

Falkenberg. Kriegsrath Dallner.

Kriegsrath. Laßt mich gehen! Hieher gehöre ich — wer

Sie seyn mögen, mein Herr, Kriegsrath Dallner bin ich, und bin zu alt, um der Hoflakaien Spott zu seyn, und zu gut —

Falkenberg. Ich bin der Kammerherr von Falkenberg, Herr Dallner!

Kriegsrath. Seyn Sie so gut, melden Sie mich dem Fürsten.

Falkenberg. Er fährt jetzt auf die Jagd.

Kriegsrath. Sagen Sie ihm, ich würde gejagt — ich bäte Ihre Durchlaucht — hier bei dem alten müden Hirsch stehen zu bleiben.

Falkenberg. Ich will Sie gleich melden. Aber — wissen Sie, daß Sie übel angeschrieben sind?

Kriegsrath. Das weiß ich, sehr übel.

Falkenberg. Fühlen Sie Ihre Brust frei, Herr Kriegsrath? —

Kriegsrath. Ganz frei.

Falkenberg. Ich melde Sie. (Er geht in die Mitte.)

Siebenter Auftritt.

Wender. Vorige.

Wender. Was wollen Sie denn nun hier? — Wer hat Sie herein gelassen?

Kriegsrath. Sey Er still, armseliger Mensch!

Wender. Nun Sie werden schön ankommen!

Achter Auftritt.

Vorige. Der Fürst. Zwei Jagdjunker. Zwei Kavaliere.

Falkenberg. Kriegsrath Dallner, Ihre Durchlaucht!

Fürst (im Gehen). Es bleibt bei meiner Verfügung, Herr Dallner!

Kriegsrath. Gewiß nicht, Ihro Durchlaucht, gewiß nicht!

Fürst (bleibt stehen). Wie?

Kriegsrath. Das werden Sie selbst nicht wollen, gnädiger Herr!

Fürst (lebhaft). Warum nicht?

Kriegsrath. Weil man Ihre Gerechtigkeit überrascht hat.

Fürst. Sie sagen da viel!

Kriegsrath. Ich leide viel und unschuldig.

Fürst. Können Sie das beweisen, was Sie sagen?

Kriegsrath Ja!

Fürst (tritt zu ihm). Herr Kriegsrath, ich habe (halblaut) Sie schonend behandelt. Ich habe Ihr Alter geehrt —

Kriegsrath. Ich bitte um keine Schonung, sondern um Gerechtigkeit.

Fürst (tritt zurück). Reden Sie.

Kriegsrath. Auf meine Worte kommt es hier nicht allein an, sondern auf die Untersuchung meiner Sache; dazu gehört Zeit.

Fürst. Recht gerne! Morgen — wenn Sie wollen!

Kriegsrath. Es betrifft mein Glück oder Unglück.

Erster Jagdjunker. Es ist schon sechs Uhr vorbei. Ihre Durchlaucht.

Kriegsrath. Es betrifft das Wohl Ihrer Unterthanen.

Fürst (sieht nach der Uhr). Keine Jagd für heute!

Erster Jagdjunker. Wie Ihre Durchlaucht befehlen.

Fürst. Die Wagen können zurück fahren, bestelle Er es, Wender! (Wender geht ab). In mein Zimmer, Ihr Herrn!

(Alle gehen in die Mitte ab.)

Fürst. Nun erwarte ich Wahrheit.

Kriegsrath. Ich bin beeidigt.

Fürst. Kein Urtheil aus Leidenschaft.

Kriegsrath. Ich bin acht und sechzig Jahr alt.

Fürst. Reden Sie.

Kriegsrath. Zuerst — muß ich Ihre Durchlaucht um gnädige Entlassung meines Sohnes bitten.

Fürst. Weßhalb?

Kriegsrath. Ich — finde ihn nicht würdig Ihro Durchlaucht zu dienen.

Fürst. Das ist hart für Sie.

Kriegsrath. Dann bitte ich, mich in meiner Dienststelle mit Arbeit zu lassen. Ich bin nicht untauglich zur Arbeit.

Fürst. Das weiß ich, aber unruhig sind Sie. Sie haben einen meiner getreuen Räthe insultirt.

Kriegsrath. Keinen, als wer erkauft war.

Fürst. Erkauft? — Herr Dallner! — Herr Dallner! — Wer ist erkauft? wer?

Kriegsrath. Der Vorsteher, der geheime Kriegsrath Dositz.

Fürst (heftig). Dositz! Wissen Sie was Sie sagen? Ich höre keine Verleumder an.

Kriegsrath. Mit Ihrem Wissen sicher nicht.

Fürst. Können Sie das beweisen, daß Dositz erkauft ist — Erkauft! von wem?

Kriegsrath. Von denen, welche die Lieferung haben; Sekretär Falbring und Bäcker Ehlers.

Fürst. Womit beweisen Sie es?

Kriegsrath. Mit den Akten. Geruhen Sie selbst Einsicht von dem Lieferungsprozeß zu nehmen, selbst Referent aus diesen schauderlichen Papieren zu werden; so werden Sie sagen: Dositz ist erkauft, oder blödsinnig.

Fürst. Dositz hat Kenntnisse —

Kriegsrath. Ausgebreitete Kenntnisse.

Fürst. Er ist ein schneller, ein guter Arbeiter. Er sieht den richtigen Standpunkt von jeder Sache im ersten Blick.

Kriegsrath. Das ist wahr!

Fürst. Er thut in Einer Woche, was andre in einem Vierteljahr kaum thun.

Kriegsrath. Das ist wahr!

Fürst. Er ist gewiß ein ehrlicher Mann.

Kriegsrath. Nein, Ihre Durchlaucht!

Fürst. Aber —

Kriegsrath. Die Akten, gnädigster Fürst — sehen Sie selbst.

Fürst. Das will ich, aber Sie müssen doch eingestehn, daß Sie die Sache gegen die Lieferanten mit einer Hitze, mit einer Leidenschaft betrieben haben —

Kriegsrath. Wie ich sie Ihnen und der Menschheit und meinem Gewissen schuldig bin. Sie sind gerecht, Sie sind gut. Kann ich zusehen, daß während Sie alles geben, alles thun, sich selbst einschränken, um alles zu thun — eine Rotte von Betrügern das Mark Ihres Landes einsaugt, Ihre braven fechtenden Truppen darben läßt, und Fluch und Thränen, statt Segen auf Ihr Haupt ladet?

Fürst. Das hat mir niemand noch gesagt; wo ich stand fand ich die Truppen wohl verpflegt, die andern Generale —

Kriegsrath. Einige scheuen den Freund des Fürsten, haben mehr zu verlieren als ich. Mein Weg ist gemacht. Zu verlieren habe ich nichts als Gewissensruhe, die ich nicht verlieren möchte. — Ich stehe am Ende und rede Wahrheit.

Fürst. Thränen? — Fluch? — Das verdiene ich nicht.

Kriegsrath. Bei Gott nicht!

Fürst. Warum sind Sie nicht gleich gekommen? Warum haben Sie nicht gesprochen, gleich als Sie entlassen worden sind?

Kriegsrath. Ich war da, Ihre Durchlaucht!

Fürst. Wann?

Kriegsrath. Heute, halb vier Uhr. Ihre Durchlaucht, hieß es, wollten mich nicht sehen.

Fürst. Wen haben Sie gesprochen? Wer hat Ihnen das gesagt? Wer?

Kriegsrath. Der Leiblakai Wender.

Fürst (geht nach der Mitte). Falkenberg! — Falkenberg!

Neunter Auftritt.

Vorige. Falkenberg.

Fürst. Schaffen Sie mir Wender — seyn Sie so gut — gleich.

Zehnter Auftritt.

Vorige. Wender von der linken Seite.

Wender. Ihre Durchlaucht rufen meinen Namen —

Fürst. Warum ist mir halb vier Uhr der Kriegsrath Dallner nicht gemeldet?

Wender. Weil — weil — jedermann von der Ungnade sprach —

Fürst. Warum ist dem Kriegsrath gesagt, ich wollte ihn nicht sprechen? — Geh Er auf die Schloßwache in Arrest.

Wender. Ihre Durchlaucht —

Fürst. Was?

Wender. Meine langen Dienste —

Fürst. Lange Dienste sind keine Entschuldigung für schlechte Dienste. Fort!

Wender. Ich hatte auch — ich hatte einen Befehl, daß der Herr nicht vor sollte.

Fürst. Von wem? von wem?

Wender. Vom Herrn geheimen Kriegsrath Dositz.

Fürst. Fort! in Arrest! (Wender geht ab) — Ihre Sache beunruhigt mich.

Falkenberg. Und mir — mir wurde gar eine goldene Dose geboten, wenn ich den Herrn da nicht melden wollte — Da liegt sie wahrlich noch, wie ich sie dem unredlichen Manne vor die Füße geworfen habe.

Fürst. Wer hat die geboten?

Falkenberg. Der Sekretär Falbring.

Fürst. Ich will hell sehen in der Sache — Lassen Sie den Falbring her bestellen. Auf der Stelle — gleich!

(Falkenberg geht rechts hinaus.)

Eilfter Auftritt.

Der Fürst. Kriegsrath Dallner.

Fürst. Was haben Sie aber mit dem alten unruhigen Unterofficier Grnner?

Kriegsrath. Seine Unruhe — ist — Hunger und Wunden.

Fürst. Es sind würdigere da.

Kriegsrath. Auf Eid und Ehre — nein!

Fürst. Er macht die Soldaten schwierig.

Kriegsrath. Ja, mit dem Anblick seines Elends.

Fürst. Ich will ihn sehen.

Kriegsrath. Auch er war da, und ist nicht vorgelassen.

Fürst. Gütiger Gott! was wollen die Leute aus mir machen? Ich will jedermann sehen, ich will jedermann hören, ich will trösten, wo ich nicht helfen kann, ich bin stolz auf das Vorrecht, der erste Freund eines jeden meiner Unterthanen zu seyn — wenn ich nichts anders geben kann, so soll doch der Unglückliche mein nasses Auge sehen. Um dieß Vorrecht betrügt man mich. Was bleibt mir dann? — der Neid der Einfältigen, der Haß der Schwärmer, die Verfolgung der Bösewichter.

Zwölfter Auftritt.

Vorige. Falkenberg. Hernach Baruch.

Falkenberg. Der Jude Baruch bittet um die Gnade, vorgelassen zu werden.

Fürst. Er soll kommen.

Falkenberg (winkt hinaus).

Baruch (tritt ein).

Baruch. Ihre Durchlaucht halten zu Gnaden — da habe ich etwas zu überreichen, was ich einem reichen Diebe, dem Bäcker Ehlers, habe abfordern müssen, um es dem Herrn Falbring zu liefern gegen hundert und zwanzig Louisd'ors, die mir versprochen sind. Da ich aber das Geld nicht will — so bringe ich die Schrift Ihro Durchlaucht — belieben Sie nur den Punkt zu lesen — den da! (Er gibt es ihm.) So werden Sie sehen, was der alte Mann da für ein Recht hat, wenn er schreit laut in den Himmel hinein um Rache!

Fürst. Ist Er nicht bei der Lieferung?

Baruch. Mein Lebstag habe ich den Artikel vom Kinderfluch nicht geführt.

Fürst (im Lesen). Abscheulich! — unerhört! (Liest weiter.) Niederträchtig! (Liest weiter.) Meine armen Soldaten! — (Er gibt es dem Kriegsrath). Hat Falbring wirklich das geschrieben?

Kriegsrath. Ja, Ihre Durchlaucht!

Baruch. So gewiß als er hundert und zwanzig Louisd'or geboten hat, das da zu haben.

Fürst (hat wieder gelesen). Das ist ein förmlicher Unterricht in der fürchterlichen Kunst, meine Leute verhungern zu lassen.

Baruch. Ihre Dnrchlaucht müssen nur die ganz geringen Leute fragen, dann kommen Sie recht dahinter.

Fürst. Das werde ich. — Wie kommts aber, Herr Baruch, daß Er die hundert und zwanzig Louisd'or verschmerzt hat?

Baruch. Wie kommts, Ihre Durchlaucht? Ein Liebhaber von Procenten bin ich, wie andere auch, sobald es im Handel und Wandel ist. Bei diesem Handel, den ehrlichen Mann da zu retten, sind mir Hundert vom Hundert gelobt.

Fürst. Wer zahlt die? wer?

Baruch. Der großmüthige Handelsherr da droben. (Auf den Himmel deutend.) Empfehle mich zur Gnade! (Geht ab.)

Dreizehnter Auftritt.

Vorige ohne Baruch.

Fürst. Dallner! — ich habe Ihnen Unrecht gethan. Es ist mir leid, ich will alles gut machen.

Kriegsrath (greift nach dessen Hand) Mein guter gnädiger Fürst! —

Fürst. Nicht so! (Er zieht die Hand zurück.) Legen Sie Ihre Hand in meine. Wir sind beide ehrliche Männer, und wollen recht gute Freunde seyn.

Kriegsrath (gerührt). Diese Gnade!

Fürst. Ich habe eine Ungerechtigkeit an einem alten treuen Diener begangen. Meine Gnade kann das nicht gut machen, aber meine Freundschaft, hoffe ich — Den Dositz muß man rufen lassen. Ich war sein Freund, aber ihm soll nichts nachgesehen werden — Dositz soll gerufen werden!

Falkenberg (geht ab).

Kriegsrath. Lieber, gütiger Herr — Sie haben mein Herz geöffnet. Wollen Sie ein Wort von mir anhören — wir sind allein — nehmen Sie es zu Herzen, als den Segen eines ehrlichen alten Mannes für Ihre künftigen Regierungsjahre, die er nicht mehr erleben wird! Darf ich reden?

Fürst. Alles! — alles!

Kriegsrath. Sie sind gerecht — gut — aber feurig! Verurtheilen Sie nie wieder so schnell — als heute. Ihr Wort ist schwer — es tödtet und heilt — ist Lohn oder Strafe — lassen Sie Sich es nie entreißen. Hören Sie den Angeklagten — dann lassen Sie Ihr Herz walten, und Gott wird Sie segnen und Ihr Volk.

Fürst (reicht ihm die Hand). Bei meiner Ehre, das will ich! (Er schüttelt ihm die Hand.) Ehrwürdiger Mann, wenn die Stimme der Wahrheit mit Liebe zu einem Fürsten spricht, so ist dieß ein guter Engel, der auf seinem rauhen Pfade ihn segnet, und dem er Willkommen zurufen wird, wenn er selbst ein guter Mensch ist. (Er umarmt ihn.) Willkommen denn!

Vierzehnter Auftritt.

Vorige. Falkenberg.

Falkenberg. Nach dem geheimen Kriegsrath ist geschickt.

Fürst. Gut!

Falkenberg. Etwas ganz besonderes hat sich zugetragen. Ein artiger kleiner Junge läuft im ganzen Schlosse herum, und geht von Thür zu Thür. Bald steht er still und weint, bald läuft er von Treppe zu Treppe. Wenn man ihn fragt zu wem er wolle, zeigt er das Portrait von Ihro Durchlaucht, nud läuft weiter.

Fürst. Was mag das Kind wollen? wessen ist es?

Kriegsrath. Ihre Durchlaucht halten zu Gnaden — ich denke, es mag mein Großsohn seyn.

Fürst. Er soll kommen, er soll kommen.

Falkenberg (geht ab).

Kriegsrath. Das Kind, ich weiß nicht was es will. Seine Mutter schenkte ihm heute das Bild. — Sollte es gehört haben —

Fünfzehnter Auftritt.

Vorige. Falkenberg mit Ernst an der Hand, der sich gleich losreißt, auf den Fürsten zuläuft, sich fest an ihn anhält, und laut ausruft:

Ernst. Du bists, Du bists, Du bists!

Kriegsrath. Ernst! Ernst! Was soll das?

Ernst (läuft zu ihm). Er ists, er muß der Mama helfen, und Dir —

Kriegsrath. Was willst Du?

Ernst (aufs Kupfer deutend). Das bist Du — (Seine Hand nehmend). Und das bist Du! Aber Du siehst besser aus, als das Bild. (Er gibt es dem Kammerherrn.) Behalte Du es, alter Mann! ich hab' ihn selbst.

Fürst. Was willst Du von mir, Kleiner?

Ernst. Du bist ja der Landesvater, hat die Mama gesagt, der muß allen Unglücklichen helfen, hat sie gesagt. Ach so hilf uns doch, der arme Onkel hat sich durch den Kopf geschossen.

Fürst. Was?
Kriegsrath. Ernst — Ernst — was —

Ernst. Ja — Großvater, sie haben ihn oben hinauf getragen. (Er weint.) Er ist schon ganz todt!

Kriegsrath. Herr sey seiner Seele — (Er wird schwach.)

(Falkenberg faßt ihn auf. Der Fürst schiebt einen Stuhl hin.)

Ernst. Großvater! — Großvater!

Fürst (geht nach der Mitte). Hat niemand Salz bei sich?

(Ein Jagdjunker bringt es. Der Fürst nimmt es in der Thür ab Der Jagdjunker geht zurück. Der Fürst macht die Thür zu.)

Falkenberg. Es bedarfs nicht. Er erholt sich.

Kriegsrath (schlägt die Augen auf).

Fürst. Mein armer Dallner!

Kriegsrath. Herr sey seiner Seele gnädig!

(Er steht mit Hülfe des Kammerherrn auf.)

Fürst. Wo wollen Sie hin? —

Kriegsrath. Zu meiner armen Tochter gehen — Komm, Kleiner! (Er zieht ihn an sich.)

Ernst (zum Fürsten). Willst Du uns denn nicht helfen?

Fürst. Da kann nur Gott helfen.

Kriegsrath. Das wird er mir bald durch ein seliges Ende. (Er versucht es sich zu verbeugen.)

Fürst. Hierher, mein Freund! — hierher! (Er führt ihn nach der Mitte.) Falkenberg, geleiten Sie ihn auf mein Ruhebette. Du gehest mit ihm, Kleiner!

(Er geleitet sie nach der Mitte, wo alle die inwendig im Zimmer sind, zu Hülfe kommen. Die Thür wird wieder zugemacht. Der Fürst geht nach der rechten Seite, da er hinaus will, begegnet ihm der Justizrath.)

Sechzehnter Auftritt.

Justizrath Listar. Hernach Falkenberg, die zwei Jagdjunker und die zwei Kavaliere.

Fürst. Was gibts, Herr Justizrath? —

Justizrath. Unersetzliches Unglück, der Sekretär Dallner —

Fürst. Ich weiß es. Ist er todt?

Justizrath. Todt!

Fürst. Was brachte ihn dazu?

Justizrath. Ehrgefühl. Ich habe ihn genau beobachtet. Ein unglücklicher Augenblick, in dem ich seiner ohnmächtigen Schwester beistand — war sein Ende. Das fand man in seiner Tasche. (Er gibt dem Fürsten ein Papier.)

Fürst (liest): „Ich bin entehrt — ich kann nicht mehr leben. Mitleid bitte ich für mein Andenken auf dieser Welt. — Barmherzigkeit hoffe ich für die Fortdauer meines Wesens in einer andern Welt. Vergebung, Vergebung — ich kann nicht leben. Listar, nimm dich meines Vaters an — nimm dich meiner Schwester an! Lebt wohl!" — Schrecklich! der Vater ist bei mir!

Justizrath. Ich weiß es —

Fürst. Und verläßt mich nicht mehr. Sieht sein Haus nicht mehr wieder. Doch das gehört nicht hierher. Wo ist seine Tochter?

Justizrath. In dem unglücklichen Hause.

Fürst. Hierher mit ihr!

Justizrath. Ihre Durchlaucht, ich bitte —

Fürst. Hierher! Der Vater soll im Schlosse wohnen, die ganze Familie. Sie sollen nicht mehr zurück. Nehmen Sie einen

Wagen — schaffen Sie mir die arme Frau her — sie muß mit dem Vater weinen.

Justizrath (verbeugt sich und geht).

Fürst. An der Nebentreppe — da (er deutet links) fahren Sie an. Gehen Sie auch dort hinaus.

(Justizrath geht links ab. Der Fürst geht nach der Mitte ab. Im Augenblick, als er drinnen ist, kommen der Kammerherr von Falkenberg, die beiden Jagdjunker und die zwei Kavaliere heraus.)

Erster Jagdjunker. Was es aber nur seyn mag, Herr von Falkenberg?

Falkenberg. Vatersorgen und Angst, meine Herren!

Erster Kavalier. Und daß unser gnädigster Herr solchen Antheil nimmt.

Zweiter Jagdjunker. Was das bedeuten mag?

Falkenberg. Menschenherz und Fürstenpflicht.

Siebzehnter Auftritt.

Vorige. Sekretär Falbring.

Falbring (verbeugt sich. Er ist sehr ernsthaft).

Die Jagdjunker (erwiedern es).

Falkenberg (sieht ihn nicht an).

Falbring (nach einer Pause). Ihre Durchlaucht haben befohlen, daß ich gehorsamst aufwarten soll.

Falkenberg (ohne ihn anzusehen). Ja! (Pause.)

Erster Jagdjunker. Herr von Falkenberg —

Falkenberg (tritt zu ihm und redet leise mit ihm).

(Pause.)

Falbring. Werde ich Ihro Durchlaucht gemeldet, gnädiger Herr?

Falkenberg. Nein!

Falbring. Soll ich etwa zu einer andern Zeit wieder kommen, so will ich —

Falkenberg. Sie bleiben da.

Achtzehnter Auftritt.

Vorige. Der Fürst.

(Alle treten auseinander.)

Fürst (sieht den Sekretär Falbring durchdringend an).

Falbring. Ihre Durchlaucht —

Fürst. Warum zittert Er?

Falbring. Der strenge Blick, den —

Fürst (gibt ihm das Papier, das der Jude gebracht hat). Kennt Er das?

Falbring. Ja, ich kenne es. Allein —

Fürst. Ist das Seine Hand? Hat Er das geschrieben?

Falbring. Ihro Durchlaucht, der Anschein ist wider mich — allein.

Fürst. Hat Er das nicht geschrieben? So sage Er nein!

Falbring. Ich habe es zwar geschrieben, aber nur in der Absicht —

Fürst. Nehmen Sie das Papier, Herr von Falkenberg!

Falkenberg (nimmt dem Falbring das Papier ab).

Falbring. Sollte mein Unglück wollen, daß ich bei dem besten —

Fürst. Er hat dem Herrn von Falkenberg eine goldene Dose geboten, damit der Kriegsrath Dallner mir nicht gemeldet würde. Warum hat er das gethan?

Falbring. Um — Ihro Durchlaucht eine Unruhe, einen Kummer zu ersparen, um —

Fürst (zu den Hofleuten). Ihr Herren — es ist Euer Beruf, dem Unglücklichen den Weg zu mir zu zeigen und leicht zu machen. Es ist mein Beruf gerecht zu seyn, jedermann zu hören, der zu mir reden will; wer von Euch irgend jemand den Weg zu mir erschweren wollte, der begeht ein Verbrechen an der Menschheit, er hat eine fürchterliche Verantwortung. Von wem ich so etwas erfahre, den will ich mit Entehrung strafen, das ganze Volk soll es wissen, daß ich den für einen Meuchelmörder halte, der mich um die Liebe meines Volks bringt. Die Säle dieses Schlosses sind groß; wenn Menschen sie ausfüllen, die mit Vertrauen zu mir kommen, so ist es große Galla, und mein Herz ist nie zu enge für das Anliegen des Volkes.

Neunzehnter Auftritt.

Vorige. Justizrath Listar führt **Madam Rosen** in einem Mantel und Florkappe, sie hat ein Tuch vor den Augen, und wankt an seiner Seite.

Fürst. Da hinein, Herr Justizrath!

Falbring (fährt zusammen).

Fürst. Der Officier von der Schloßwache soll diesen Bösewicht in das gemeine Gefangenhaus bringen lassen.

Falkenberg (geht).

Falbring. Ich bin zu Grunde gerichtet, wenn Ihro Durchlaucht Gnade nicht —

Fürst. Keine Gnade, so wahr mir Gott gnädig seyn wolle, vor dem ich Rechenschaft ablegen soll — Gerechtigkeit wartet auf Dich. (Zum Jagdjunker.) Oeffnen Sie die Thür.

(Der Jagdjunker öffnet die Mittelthür. Man sieht in der Ferne den Kriegsrath Dallner sitzen, der Justizrath steht hinter ihm, hat seinen Arm unter seinem Kopfe. Ernst steht an seinem Knie und hat seine Hand. Madam Rosen kniet vor ihm, und hat ihr Gesicht auf seine Hand gelegt.)

Fürst. Sieh hin — sieh — das hat Dein Geld — Dein Raub — Deine Bestechung vermocht!

Falkenberg (tritt ein).

Fürst. Einen Theil dieses Elends habe ich um Deinetwillen veranlaßt. (Er faßt sich, winkt die Thür zuzumachen; es geschieht. Er tritt vor, und sagt mit Würde): Ich will gut machen, was noch gut gemacht werden kann. Büße Er Sein Verbrechen. Fort! —

Falbring (geht ab).

Falkenberg. Gnädiger Herr — schonen Sie Sich — es greift Sie zu stark an.

Fürst. Die da drinnen sind, o noch mehr! — Guten Abend, meine Herren! Kein Spiel, keine Tafel, keine Aufwartung für heute — Morgen sehen wir uns wieder.

(Alle gehen ab.)

Fürst. Herr von Falkenberg ich danke Ihnen nicht dafür, daß Sie ein ehrlicher Mann sind — so was dankt sich selbst.

Falkenberg. Ihre Durchlaucht!

Fürst. Bleiben Sie, mein Freund!

Zwanzigster Auftritt.

Vorige. Kriegsrath Dallner.

Fürst. Unglücklicher Vater!

Kriegsrath (seufzt) Ich habe noch eine Tochter, gnädigster Herr!

Fürst. Gut! Sie haben Pflichten für diese Tochter, für mich, für Ihr Vaterland.

Kriegsrath. O ja!

Fürst. Erhalten Sie Sich für uns, und geben Sie dem Schmerze nicht nach.

Kriegsrath (seufzt).

Fürst. Sie kehren nie mehr in Ihr Haus zurück. Sie wohnen mit Ihrer Familie im Schlosse. Sie sind nicht mehr Kriegsrath, Sie rathen mir selbst. Sie sagen mir Wahrheit, wenn ich sie übersehen sollte. Es gibt keine höhere, ehrwürdigere Stelle in meinem Lande.

Kriegsrath. Gott gebe mir Kraft dazu!

Fürst. Einen Sohn haben Sie verloren, nehmen Sie einen ehrlichen Freund dafür an. Eine Vatersorge haben Sie weniger; — helfen Sie mir die meinige tragen, und statt der Umarmungen Ihres Sohnes — nehmen Sie den Dank unsers Vaterlandes.

Kriegsrath. Zu Gott bete ich für die unsterbliche Seele meines Sohnes — den Leichnam werde ich nicht lange beweinen — Wahrheit gelobe ich Ihnen bis an mein Ende, und Fleiß.

Fürst. Wahrheit! — nach diesem großen Ziele gehen wir aus. Gesegnet ist der Fürst, der in solchem Geleite der Menschheit dient! (Er nimmt ihre Hände.) Nun laßt uns die Unglücklichen trösten, die drinnen bei mir sind, und (er geht mit ihnen nach der Mitte) dann soll der Gerechtigkeit Genüge geleistet werden.

FSC
www.fsc.org
MIX
Papier | Fördert gute Waldnutzung
FSC® C083411

Zeitfracht Medien GmbH
Ferdinand-Jühlke-Straße 7
99095 Erfurt, Deutschland
produktsicherheit@kolibri360.de